新文京開發出版股份有限公司

NEW WCDP

新世紀．新視野．新文京—精選教科書．考試用書．專業參考書

New Wun Ching Developmental Publishing Co., Ltd.

New Age · New Choice · The Best Selected Educational Publications — NEW WCDP

第2版

基礎物理

BASIC PHYSICS

林煒富・卓達雄・林旺德 編著

2nd Edition

　　本書內容依據教育部最新發布之「十二年國教自然科學領域課鋼草案」進行編寫。課程目標在培育醫護與科技相關類科之專科學校或技術學院學生，具有專業基礎科目中物理學科的基本能力。即讓學生：

1. 能認識日常生活與物理學相關的現象及器具，並知道其基本原理及應用於生活中的功能。

2. 能知道運動、聲、光、熱、電、能量等的基本性質，並能了解日常生活中常見的簡單現象。

3. 能具有現代科技的基本知識，並了解其與日常生活息息相關。

4. 能了解物理學的目的與合理解釋物理現象，並在過程中能有不同的理論觀點。

　　本書每一個章節中將以簡明扼要的方式講述物理學基本原理與定律，內容有教學基本要求、知識要點、典型例題與習題等，另外我們也將科學發展對人類生活與環境的影響及其重要性等知識與應用納入各個章節之中，希望學生能培養正確的科學態度與分辨正誤的能力，以及能與他人合作，有計畫的進行科學探究活動，能夠繼續創新並啟發其解決問題的能力。

　　此次第二版，除勘正疏誤及將部分章節圖片重繪製外，作者更在每章章末新增練習題目以供讀者有更多練習的機會，並新增第九章介紹「近代物理」的內容，盼使讀者能對目前「物理」學問如何應用於現代的生活之中有更多的了解。

　　本書之撰寫，雖經細心編校，仍恐不免疏漏，尚祈學界先進隨時惠予指正，以供日後再版修正之參考。

About the Authors
編者簡介

林煒富
- 國立成功大學物理學博士

卓達雄
- 國立中正大學物理學博士

林旺德
- 靜宜大學應用化學系博士

Contents
目 錄

Basic
Physics

CH 01

Basic Physics

緒　　論

　　物理學英文名稱「physics」源自於希臘文，其意義為「自然」，早期被稱作「自然哲學」。物理學為研究自然界的基本現象，所建立的觀念、基本理論與知識，構成了其他科學的基礎，因此被稱為「自然科學之母」，對各種科學發展都有影響，本章將探討物理學的範疇、演進與物理量的訂定等內容。

1-1　物理學的範疇

　　物理學是專門研究自然界當中各種物質間的交互作用的基本現象，它的研究方法，包括理論的建構、數學語言的應用、實驗觀測與分析方法，也成為一般科學的典範，它分別建構出的領域有：力學、熱學、光學、電磁學及近代物理等，其範疇與主要探討內容如表 1-1 所示。

　　至於工程科學，則是以這些自然科學為基礎，在生活應用方面進一步的運用與研發，製作出對生活具有實用價值的產品與技術，故稱之為科技，幾乎大多數科技的設計原理都與物理有關，因此，物理與科技間是相輔相成的。關於物理學的發展與在日常生活上的應用將分述如下：

💡 表 1-1　物理學的範疇與內容

1900 年以前		
	範疇	**主要探討內容**
古典物理	力學	物體運動與力之間的關係
	熱學	溫度與熱量對物質的影響
	光學	光的本質與幾何光學至波動光學的定律
	電磁學	靜電、電流、磁場等電磁現象及理論
1900 年以後		
	範疇	**主要探討內容**
近代物理	量子力學	研究微小尺度下的物理現象，以光電效應、光量子論、物質波等為內容
	相對論	

1. 力學

    (1) 簡單機械的應用。

    (2) 交通工具，如飛機、火箭的設計與其運動。

    (3) 建築物如樓房、橋樑的設計建造。

2. 熱學

    (1) 溫度計的設計與使用。

    (2) 蒸氣機及內燃機的設計與使用。

    (3) 冷氣機及電冰箱的設計製造。

3. 光學

    (1) 眼鏡矯正視力。

    (2) 光學儀器如照相機、顯微鏡及望遠鏡的使用。

    (3) 光纖應用了光的全反射現象。

    (4) 雷射為同頻率、同相位的可見光或不可見光。

4. 電磁學

    (1) 家庭電器如電燈、電爐、吹風機應用電流的熱效應。

    (2) 電解、電池、電鍍應用電流的化學效應。

    (3) 電磁鐵應用電流的磁效應。

    (4) 廣播、電視、雷達及無線電通訊應用電磁波的傳遞。

    (5) 半導體、二極體、電晶體、積體電路以至電腦應用了電子學的技術。

5. 近代物理

    (1) 核能發電的應用。

    (2) 超導體的發展。

1-2　物理學的演進

　　遠在兩千三百多年前，希臘哲學家亞里斯多德(Aristotle, 384~322B.C.)，已就當時所觀察到的自然現象加以系統性的歸納，並試圖解釋與探討這些現象背後的一般性原則。但是其後的兩千年間，因為基督教的興起，教會強制以宗教教義束縛了人們的思想，迫使物理學沒有什麼進展。

　　直至十六世紀末實驗觀念開始發達，進入十七世紀以後物理更用數學為工具與理論相配合，如此，不但使物理學之研究有快速的進展，再加上科技與實驗物理的提攜並進，也使實驗的精確度大大提高，所以物理學才逐漸成為內容充實且結構非常嚴謹的科學，以下將介紹物理學的演進過程。

一、古典物理的發展

　　物理學的關鍵性發展始於伽利略(Galileo Galilei, 1564~1642)對力學所做的奠基工作，他進行物理與天文研究時，非常注重歸納、演繹及數學技巧的運用，並主張物理定律需用實驗來加以驗證，所以他被稱為物理實驗之父。慣性、自由落體、單擺等時性等等皆是伽利略的傑作，我們以 g 表示重力加速度，就是為尊崇他在科學上的成就，如圖 1-1。

　　接著伽利略之後，是物理史上的劃時代巨人就是牛頓(Issac Newton, 1642~1727)，如圖 1-2。他在 1687 年發表了他一生最重要的著作「自然哲學的數學原理」。書中闡述他在二十年前即已發現的「萬有引力定律」和「三大運動定律」，牛頓把這些基本定律應用在落體運動、拋物運動、物體碰撞、振動…等問題，建構起物理學的理論體系。

　　另外，牛頓也開創了光學的研究，1704 年他發表了另一部鉅著「光學」。他由三稜鏡的色散實驗中，發現白光實際上是由多種色光組成的。從力學的觀點出發，他提出了光的「粒子說」：認為光在本質上是由許多微粒所組成，應用力學的基本定律，可證明光遵守反射定律和折射定律。

　　在牛頓以後一百多年的時間裡，物理界人才輩出，數學也成為研究物理之重要工具，所以天體力學、理論力學、流體力學、熱力學、統計力學、分子運動論證在一些偉大數學家的配合下，到十九世紀末都有重大的進展。

亞里斯多德
物體越重，下落越快

伽利略
物體下落快慢與其輕重無關

◎ 圖 1-1　亞里斯多德與伽利略對自由落體的看法

(a)

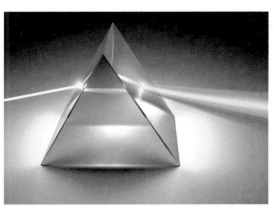

(b)

◎ 圖 1-2　牛頓發現了：(a)萬有引力與(b)白光是由多種色光所組成

二、近代物理學的發展

二十世紀是物理學的大發現時代，也是物理概念的大革命時代。在這段時期所發展的物理學稱為近代物理學(modern physics)，這期間有多項重大的物理發現，揭開了二十世紀物理學大時代的序幕：

（一）十九世紀末的重要發現

1. 陰極射線的本質及電子的發現

1897 年英國著名的物理學家湯木生(Joseph John Thomson, 1856~1940)發現從陰極發射出的射束，稱為陰極射線(cathode-ray)，實際上是由帶負電的粒子所組成，稱之為電子(electron)，並且量出了電子電量和其質量的比值。他進一步發現不管陰極是用什麼材料製成，所發射出的電子都是一樣的。因此 1899 年即採用電子(electron)一詞來表示這個載荷子，而電子也用來表示電的自然單位。

2. X 射線的發現

1895 年德國人侖琴(Wilhelm Conrad Rontgen, 1845~1923)在研究真空管中的放電現象時，發現從管中的正極處會射出看不見的輻射光，穿透玻璃壁，使置於附近的螢光屏發亮，也可使得包在黑紙盒內的底片感光，因為他不知道這種輻射光是如何產生，所以稱之為 X 光。

3. 放射性的發現

1896 年法國人貝克勒(Henri Becquerel, 1852~1908)，發現鈾鹽內也能發出類似的「看不見的光，而且是不斷地產生，能使包在黑紙盒內的底片感光」。這是「天然放射性」的首次發現。後來 1898 年法國居里夫婦發現了更強的輻射性元素釙和鐳。經研究知道這是由原子核內部衰變所發出的輻射，其穿透性比 X 光還要強。

（二）量子理論的發展

1. 黑體輻射與量子論

1859 年由德國物理學家科希荷夫(Kirchhoff, 1824~1887) 提出黑體輻射的概念，他指出理想的輻射放射物體，它可吸收所有波長的輻射線並在其內部達成

完美的熱平衡。1900 年 12 月 14 日普朗克(Planck, 1858~1947)用了一個能量不連續的簡諧振子假說，依照波茲曼的統計方法，提出了黑體輻射公式 $E=h\nu$，$h=6.6260754\times10^{-34}$ J.s。這假說具有劃時代的意義，因此，現在一般都將普朗克稱為量子論的始祖並以 1900 年訂為量子力學誕生的年分。

2. 光電效應

1887 年德國科學家海因里希‧赫茲(Heinrich Hertz, 1857~1894)發現光電效應現象。他們發現使用可見光或紫外線照射某些物質時，其表面會釋放出陰極射線，即是電子。1905 年愛因斯坦(Albert Einstein, 1879~1955)，對光電效應提出了一個合理的解釋，認為實驗上，若要有光電子產生，照射光的頻率必須要大於一個臨界值 ν_0，不同金屬表面有不同的臨界值。若小於這個頻率光線的強度再強也不會有光電子產生，這對後來科學界有極為深遠的影響。

3. 康普吞效應

1923 年，美國物理學家康普頓(Compton, 1892~1962)以實驗證實了能量和動量都可由光子傳遞，他所提出之康普頓效應(Compton effect)印證了當 X 射線或伽瑪射線的光子跟物質交互作用時，一旦光子失去能量會導致波長變長，若是光子獲得能量則引起波長變短的現象。這個效應不僅反映光具有波動性且光在某種情況下則會表現出粒子現象，這是繼光電效應後成為光量子理論的又一重要實驗依據。

這些理論與實驗的重大發現打開了物理的新領域—原子物理(atomic physics)和原子核物理(nuclear physics)，物理學也因而邁入了微觀時代，這些科學家對近代物理的貢獻如表 1-2 所列。

💡 表 1-2　對近代物理有重大貢獻的人物與事蹟

國別	人物	年代	貢獻
德國	普朗克 (Max Planck)	1858~1947	在 1900 提出「量子論」認為能量不是連續的
德國	愛因斯坦 (Albert Einstein)	1879~1955	1905 年以「光子論」解釋「光電效應」，1915 年發表「廣義相對論」
美國	密立根 (Robert Millikan)	1868~1953	1911 年的「油滴實驗」得出電子質量，以及用實驗證實了愛因斯坦的光電效應
英國	拉塞福 (Ernest Rutherford)	1871~1937	1911 年以 α 粒子散設實驗提出行星式原子模型，1912 年發現質子
丹麥	波爾 (Niels Bohr)	1885~1962	提出波爾原子模型，認為原子內的電子環繞原子核運動，及電子的能階理論
法國	德布羅意 (Louis de Broglie)	1892~1987	1924 年提出物質的「波粒子雙重性」理論
德國	海森堡 (Werner Heisenberg)	1901~1976	1932 年提出核子之間存在「強作用力」以維持原子核穩定，及「測不準原理」等
奧地利	薛丁格 (Erwin Schrodinger)	1887~1961	1926 年提出「波函數」描述物體的運動
美國	貝特 (Bethe)	1906~	1938 年指出太陽能量就是源自其內部的核融合反應
美國	費米 (Fermi)	1901~1954	建造第一座原子核反應爐，可在人為控制下進行鈾原子核分裂的連鎖反應

1-3　物理量及公制單位

　　要將自然現象的物理性特定量化，必定先要利用儀器來進行測量（或稱量度），測量是學習物理的基礎，測量的結果必須包括含數字和單位兩部分，例如身高 165 公分，溫度 25°C 等。物理現象中可以用數字和單位來表示的觀念稱為「物理量」，例如長度、質量、時間、速度、溫度、力與電流等。

物理量的種類非常繁多，但彼此之間有些是有互相關聯的，例如：速度是長度除以時間，再如電流可以產生磁場，磁性現象的各種物理量與電性也有關聯，因此，科學家們選定了長度、質量、時間、電流、溫度、物量、光度等七種物理量，並且制定出它們的標準，此七種物理量稱為基本量。

其他的物理量則可用這些基本量來定義，稱為導出量，如面積、速度、力、電量等物理量都可利用基本量之間的數學關係式來表示。

國際單位系統(International System of Units)，或稱 SI 單位制，又稱公制單位系統，在此單位系統中，將物理量的單位分為：

1. 基本單位：指前述之七種基本量的單位，表 1-3 為其名稱和符號。

2. 導出單位：指導出量的單位，它可由基本單位組合而成，例如速度的單位（如公尺／秒），可由長度和時間二種基本單位來組成；力的單位（如牛頓，即公斤－公尺／秒^2），則須再加入質量的基本單位來組成，表 1-4 為一些常見的導出單位。

　　由於基本單位的選用不同，常使用的單位制可分成三種：

(1) SI 制：長度以公尺(m)，質量以公斤(kg)，時間以秒(s)表示，SI 制早期的名稱為 MKS 制。

表 1-3　SI 的基本單位

基本量	基本單位	英文名稱	符號
長度	公尺	Meter	M
質量	公斤	Kilogram	kg
時間	秒	Second	s
電流	安培	Ampere	A
溫度	凱耳文	Kelvin	K
物量	莫耳	Mole	mol
光度	燭光	Candela	cd

💡 表 1-4　SI 的導出單位

導出量	基本單位	英文名稱	符號
面積	平方公尺	Square meter	m^2
體積	立方公尺	Cubic meter	m^3
速度	公尺／秒	Meter per second	m/s
加速度	公尺／秒 ^{2}	Meter per second square	m/s^2
頻率	赫茲	Hertz	Hz
密度	公斤／立方公尺	Kilogram per cubic meter	kg/m^3
力	公斤－公尺／秒 ^{2}	Newton	N

(2) CGS 制：長度以公分(cm)，質量以公克(g)，時間以秒(s)表示，CGS 與 MKS 均為公制單位系統，兩者換算十分方便。

(3) FPS 制：此為英制單位系統，長度以呎(foot)，質量以磅(pound)，時間以秒(s)為單位。

範例 1-1

下圖所示為一子彈列車，其速率可達 504 公里／時，若改以公尺／秒表示，試求其值為何？

解答　$504\dfrac{公里}{小時} = 504 \times \dfrac{1,000公尺}{3,600秒} = 140公尺／秒$

　　長度標準是由法國科學院 1792 年所定，1 公尺的原始定義為通過巴黎的子午線由北極到赤道之長度的一千萬分之一，如圖 1-5(a)所示。1889 年，國際度量標準局製造出鉑銥合金棒（公尺原器），在 0°C 時，取其兩端記號之間距離為「1 公尺」，如圖 1-6(b)所示。在 1960 年，國際度量標準局以氪原子發出某一特定光其波長 1650763.73 倍為 1 公尺。因為真空中光速 c 為一物理常數，所以在 1983 年重新定義：「1 公尺＝光在真空中於 299,792,458 分之一秒所行進的距離」。

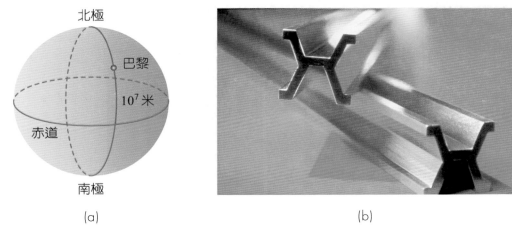

(a)　　　　　　　　　　　　　　　　　(b)

🔗 圖 1-5　(a)公尺的原始定義；(b)公尺原器

圖片來源： http://upload.wikimedia.org/wikipedia/commons/b/bb/Platinum-
　　　　　　Iridium_meter_bar.jpg

　　在 SI 單位制中，質量的基本單位是公斤，亦稱為仟克(kg)，此質量標準中 1 公斤的定義為：「1 公升的純水在一大氣壓和 4°C 時的質量」。在 1889 年改用一個由鉑銥合金所製造之圓柱型公斤原器的質量定義為 1 公斤，如圖 1-6。

🔗 圖 1-6　公斤原器

地球自轉時，太陽連續兩次正對某子午線所經歷的時間稱為 1 太陽日，連續兩次月圓所隔的時間稱為 1 月，而地球繞太陽公轉一周所經歷的時間稱為 1 年。一般太陽日的長短常隨季節而變化，因此後來科學家們取一年內各太陽日的平均值作為時間單位，稱為平均太陽日。

SI 制中時間的基本單位為秒，此時間標準中 1 秒的定義為：「一個平均太陽日的 86,400 分之一」。然後在 1976 年重新定義 1 秒為：「銫 133 (133Cs)原子在基態的兩個超精細能階之間作躍遷時所放出之電磁波週期的 9,192,631,770 倍的時間」，圖 1-7 為商用型銫原子鐘。

圖 1-7　商用型銫原子鐘

1-4　有效位數與科學記號

一個測量值的數字部分，是由一組準確的數字和一位估計的數字所組成。

1. 準確數字：是指記錄到測量儀器上最小刻度單位的數字。

2. 估計數字：指最小刻度單位的下一位，亦即讀取數據時，須記錄到最小刻度的下一位。

如圖 1-8(a)筆長度的測量值為 13.6 公分，其中 1 和 3 是由直尺上直接讀出來，這是準確的，而最後一位數字 6 是由估計得來的，此估計值常因人而異，並不一定準確，圖 1-8(b)所示之直尺，其最小刻度為 1 毫米(mm)，圖中筆長度

(a)　　　　　　　　　　　　　(b)

　圖 1-8　(a)最小刻度為 1 公分之直尺；(b)最小刻度為 1 毫米之直尺

之測量值為 13.65 公分，準確值為 13.6 公分而最後 5 則為估計值，因此任何測量值必定含有因估計而產生的誤差。

　　無論是準確數字或估計數字都是有意義的，這些有根據的數字稱為有效數字(significant figure)，所以 13.6 公分的有效數字為三位。有效數字的位數為：

> 有效位數＝一組準確數字的位數＋一位估計數字

　　因此，對同一事物進行測量時，當其儀器的最小刻度越小時，其測量值的有效數字之位數就越多，準確度也越高。

　　科學記號的一般式為 $a \times 10^b$，其中 $1 \leq a < 10$，而 b 為整數。科學記號除了能簡化數字的表示外，亦能明確指出其有效位數，如地球半徑 6,370,000 公尺的有效位數並不確定，當表示為 6.37×10^6 公尺時，則可明確顯出其有效數字為三位，若表示為 6.4×10^6 公尺時，則其有效數字為二位。

　　為了簡便，在單位的前方有時加上符號以代表 10 的乘方，如表 1-5 所示，以下列舉數例說明：

1. 台灣核能三廠一號機的裝置容量為 951×10^6 W（瓦特），可表示為 951 MW（百萬瓦），其中 M (mega)代表百萬(10^6)。

2. 地球平均半徑 $6,370 \times 10^3$ m，可寫為 6,370 km（公里），其中 k (kilo)代表仟(10^3)。

3. 手指寬度 1.7×10^{-2} m，可寫為 1.7 cm（公分），其中 c (centi)表示百分之一(10^{-2})。

4. 螞蟻身長 3.2×10^{-3} m，可寫成 3.2 mm（毫米），其中第一個 m (milli)表示千分之一(10^{-3})，第二個 m 表示單位：米(meter)。

表 1-5　數量級與表示符號

數量級	名稱	符號	字首
10^{12}	兆	T	Tera
10^{9}	十億	G	Giga
10^{6}	百萬	M	Mega
10^{3}	千	k	kilo
10^{-3}	毫	m	mili
10^{-6}	微	μ	micro
10^{-9}	奈	n	nano
10^{-12}	皮	p	pico
10^{-15}	費米	f	femto

習題演練

一、選擇題

（　　）1. 質量單位「毫克」的英文縮寫為 mg，其前面一個 m 所代表的意義
是：　(A)公尺　(B)十分之一　(C)一千　(D)千分之一。

（　　）2. 下列物理量，何者為導出物理量？　(A)重量　(B)長度　(C)時間
(D)溫度。

（　　）3. 1 公里(km)相當於多少毫米(mm)？　(A) 1×10^{-6}　(B) 1×10^{-4}　(C)
1×10^{-2}　(D) 1×10^{6}。

（　　）4. 請回答有效數字 2.560×10^{-3} 的有效位數？　(A) 7　(B) 6　(C) 4　(D)
3。

（　　）5. 一測量事件，其測量值為 A = 48，理論值為 B = 50，則此測量值的百
分誤差為？　(A) 1%　(B) 2%　(C) 3%　(D) 4%。

（　　）6. 已知一車速度為時速 180 公里，這樣的速度相當於每秒多少公尺？
(A) 9　(B) 25　(C) 50　(D) 360　m/s。

（　　）7. 一根密度均勻的金屬棒，將其分成二等分，已知金屬棒原來的質量
為 M、密度為 D，則每一等分的密度為：　(A) D　(B) 2D　(C) 4D
(D) 0.5D。

（　　）8. 若光速的大小為 3×10^{8} 公尺／秒，則其又可寫成下列何者？　(A)
3×10^{6} 公分／秒　(B) 3×10^{5} 公里／秒　(C) 3×10^{12} 微米／秒　(D)
3×10^{16} 埃／秒。

（　　）9. 1 大氣壓下，4°C 純水 CGS 制的密度為 1 g/cm³，則其 MKS 制的密
度為多少 kg/m³？　(A) 10^{-3}　(B) 1　(C) 10　(D) 10^{3}。

（　　）10. 力 (F = ma) 的因次分析結果為？　(A) MLT^{2}　(B) MLT^{-2}　(C)
$ML^{-2}T$　(D) $ML^{2}T$。

( ) 11. 若某行星與地球相距為 4 光年，則此行星與地球距離約為（已知光速為 $3×10^8$ m/s）： (A) $3×10^{10}$ m (B) $3.8×10^{10}$ m (C) $3×10^{16}$ m (D) $3.8×10^{16}$ m。

( ) 12. 哪一位科學家修正了牛頓力學，成為近代史上的科學巨人？ (A)波爾 (B)法拉第 (C)愛因斯坦 (D)費米。

( ) 13. 在國際度量衡會議中訂定「國際單位制」（簡稱 SI 制），此單位系統共有七個物理量的單位。下列哪一物理量的的單位對應正確？ (A)時間－分 (B)電流－歐姆 (C)溫度－°C (D)物質量－莫耳。

( ) 14. 下列單位何者配對錯誤？ (A) nm、奈米、10^{-8} m (B) μm、微米、10^{-6} m (C) km、公里、10^3 m (D) Å、埃、10^{-10} m。

( ) 15. 目前在科學上，秒的精確定義是以什麼元素的週期性發光為標準？ (A)氪 (B)銫 (C)氦 (D)氬。

( ) 16. 在公制單位系統中，哪一種是唯一以人造物品作為基準的項目？ (A)長度 (B)重量 (C)質量 (D)體積。

( ) 17. 哪一位科學家被尊稱為實驗物理之父？ (A)哥白尼 (B)克卜勒 (C)伽利略 (D)牛頓。

( ) 18. 哪一位科學家從直接觀測的天文數據中歸納出行星運動三大定律，使日心說獲得佐證？ (A)哥白尼 (B)克卜勒 (C)伽利略 (D)牛頓。

( ) 19. 解釋宇宙現象所必須遵循的理論？ (A)狹義相對論 (B)廣義相對論 (C)量子論 (D)古典物理學。

( ) 20. 哪一位科學家被尊稱為物理學之父？ (A)伽利略 (B)愛因斯坦 (C)焦耳 (D)牛頓。

二、填充題

1. 請轉換為科學記號表示法：

   (1) 原子核半徑 0.000,000,005 m=＿＿＿＿＿＿＿＿埃。

   (2) 行動電話使用的其中一種電磁波 900 MHz，其頻率＝＿＿＿＿＿＿＿＿Hz。

2. 以數位相機所拍攝得的一張照片所占記憶體的容量為 2 M，則一塊 4 G 的記憶卡約可儲存多少張照片？＿＿＿＿＿＿＿＿。

3. 作用力學的三個基本量為：＿＿＿＿＿＿、＿＿＿＿＿＿、＿＿＿＿＿＿。
   其 SI 制為：＿＿＿＿＿＿、＿＿＿＿＿＿、＿＿＿＿＿＿。

4. 近代物理發展的兩大基石為：＿＿＿＿＿＿，＿＿＿＿＿＿。

5. 預測電磁波存在的人為：＿＿＿＿＿＿＿＿，提出「量子論」者為：＿＿＿＿＿＿，首先發現電子的人為：＿＿＿＿＿＿。

CH
02

**Basic
Physics**

運動與力

2-1 運動學

　　自然界的一切物質都在不停的運動著,而物理學則是在研究物質運動中最基本的一門學科。物質的運動形式非常的多樣化,包括機械的運動、分子的熱運動、電磁的運動、光子的運動等。而在這些運動當中,以機械運動最簡單也最常見。運動(motion)是指物體之間或同一物體各部分之間的位置隨著時間的進行而有相對的變化。例如,宇宙各星體的運動、人體心臟的跳動、血管中血液的流動等都是。運動學(kinematics)是研究物體運動現象的學問。它著重在物體位置隨時間變化的規律,而不涉及運動發生的原因。有關探討物體之間的相互作用如何對運動作影響則是屬於動力學(dynamics)的部分。

一、參考座標系統與位移

　　當一個物體的位置不隨時間改變時,我們稱這個物體是靜止的。不過,靜止與運動實際上是兩個相對的概念。例如你坐在汽車內,當汽車通過高速公路收費站時,對收費站而言,收費站本身是靜止的而汽車正在運動;但是對你而言,你是靜止的(相對於汽車)而收費站卻是向後運動的。顯然地,描述運動時必須要有一個參考體,從這個參考體可以建立一個座標系統,利用所建立的座標系就可以來描述物體的位置,進而可以描述位置如何隨時間變化。當選擇的座標系統不同時,對運動的描述也會有所不同。比如,古時候的人類認為宇宙是以地球為中心運行的,因而產生地心說。但是,在以地球為參考體來描述行星的運動時,發現行星在天空中的運行偶爾會出現倒退的現象。當時的天文學家利用非常複雜的模型才能詳述這些行星的運動。現今,大家知道太陽系裡的行星是以太陽為中心運行的,也就是日心說。在選擇以太陽為參考體時,描述行星的運動就變得非常簡單。後來才有克卜勒(Kepler)的三大行星運動定律,更進而有牛頓(Newton)的萬有引力定律。可見選擇正確適當的參考座標系統是非常重要的一項工作。

（一）位置向量

　　一般而言，我們會利用數學上所建立的座標系統來描述物質的運動情形。當物質只沿著一個方向（比如前後）運動時，則選擇一維的數線作為座標系統。若物質會在兩個方向（比如前後、左右）運動時，可以選擇二維的平面座標系統來描述。若是物質可以在三個方向（比如前後、左右、上下）運動時，則必須使用三維的立體座標系統才能進行運動的描述。

　　在選定座標系統之後，我們必須描述物體的位置。數學上我們以位置向量 (position vector) $\mathbf{r}$ 來描述（如圖 2-1）。向量 $\mathbf{r}$ 可以用座標來表示：

$$\mathbf{r} = (x, y, z) \qquad\qquad (2\text{-}1)式$$

也可以利用方向的單位向量來表示：

$$\mathbf{r} = x\mathbf{i} + y\mathbf{j} + z\mathbf{k} \qquad\qquad (2\text{-}2)式$$

　　其中 $\mathbf{i} = (1, 0, 0)$ 代表正 x 方向的單位向量，$\mathbf{j} = (0, 1, 0)$ 代表正 y 方向的單位向量，$\mathbf{k} = (0, 0, 1)$ 代表正 z 方向的單位向量。物體到座標系統原點的距離為 $r = |\mathbf{r}|$，其定義為：

$$r = |\mathbf{r}| = \sqrt{x^2 + y^2 + z^2} \qquad\qquad (2\text{-}3)式$$

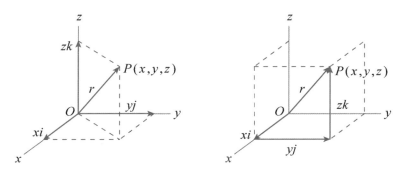

◇ 圖 2-1　圖中 P 點的位置向量為 $\mathbf{r}$

要描述物體的運動，基本上就是描述物體在各個時刻的位置情形，所以物體的位置向量是一個時間函數：

$$r = (x(t), y(t), z(t)) \qquad\qquad (2\text{-}4)式$$

或

$$r(t) = x(t)i + y(t)j + z(t)k \qquad\qquad (2\text{-}5)式$$

（二）位移

接下來，我們要描述物體位置的變化。假設物體於 t_A 時位在 $\mathbf{r_A}$ 的位置而於 t_B 時位在 $\mathbf{r_B}$ 的位置，則該物體在時間間隔 $\Delta t = t_B - t_A$ 內的位置變化可以用從 $\mathbf{r_A}$ 位置指向 $\mathbf{r_B}$ 位置的向量來表示，我們將此位置變化的向量稱為位移 (displacement)，符號以 $\mathbf{\Delta r}$ 表示，所以有：

$$\mathbf{\Delta r} = \mathbf{r_B} - \mathbf{r_A} \qquad\qquad (2\text{-}6)式$$

其中 $r_A = (x(t_A), y(t_A), z(t_A))$ ， $r_B = (x(t_B), y(t_B), z(t_B))$ ，有時候也簡寫為 $r_A = (x_A, y_A, z_A)$ ， $r_B = (x_B, y_B, z_B)$ 。我們可以將 $\mathbf{r_A}$ 稱為位移的起點，將 $\mathbf{r_B}$ 稱為位移的終點。所以，(2-6)式說明位移向量是以終點位置向量減去起點位置向量，更簡單地說就是終點座標減去起點座標。各個方向的位移量分別為：

$$\Delta x = x_B - x_A \qquad\qquad (2\text{-}7)式$$

$$\Delta y = y_B - y_A \qquad\qquad (2\text{-}8)式$$

$$\Delta z = z_B - z_A \qquad\qquad (2\text{-}9)式$$

位移的大小（距離），就是從 $\mathbf{r_A}$ 到 $\mathbf{r_B}$ 的直線距離，即 2-10 式及如圖 2-2 所示：

$$\Delta r = \left| \mathbf{\Delta r} \right| = \sqrt{(x_B - x_A)^2 + (y_B - y_A)^2 + (z_B - z_A)^2} \qquad\qquad (2\text{-}10)式$$

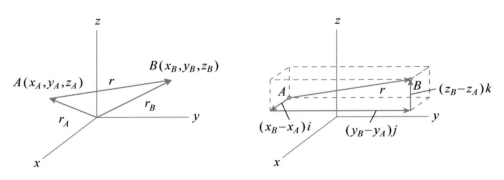

🔵 圖 2-2　物體由 A 點到 B 點的位移表示

　　這裡要注意的是，位移大小（距離）不一定是物體實際上所移動的距離，換句話說，一般所謂的路程長不一定等於位移大小（距離）。例如圖 2-3 所顯示的，物體實際移動的路線為一條彎曲的路線，所以路程長必須是這條曲線的實際長度。但是位移大小（距離）則一定是由起點到終點的直線距離，兩者是不同的。

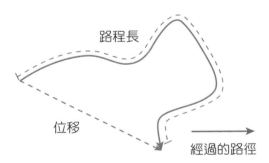

🔵 圖 2-3　位移大小與路程長之不同

範例 2-1

有一物體，一開始位於 A (1,2,5)的位置，然後移動到 B (2,3,1)的位置，最後到達 C (5,−1,6)的位置。請問此物體的總位移為何？位移大小是多少？

解答 總位移是從 A 點到 C 點的變化，所以用 C 點座標減去 A 點座標，可得：

$$\Delta \mathbf{r} = \mathbf{r}_C - \mathbf{r}_A = (5,-1,6) - (1,2,5) = (5-1, -1-2, 6-5) = (4,-3,1)$$ 。

利用(2-10)式可得位移大小為：

$$\Delta r = |\Delta \mathbf{r}| = \sqrt{(4)^2 + (-3)^2 + (1)^2} = \sqrt{26} \doteqdot 5.10$$ 。

 二、速度

（一）平均速度

有時候物體位置的變化很快，有時候卻很慢。我們可以將物體位置變化的快慢以速度(velocity)來描述。它被定義為位移和其經歷時間的比值，即：

$$v = \frac{\Delta r}{\Delta t}$$ 　　　　　　　　　　(2-11)式

上式可以很清楚看到速度也是一種向量，它的方向與位移方向一樣，而且它的三個份量分別為：

$$v_x = \frac{x_2 - x_1}{\Delta t}$$ 　　　　　　　　　(2-12)式

$$v_y = \frac{y_2 - y_1}{\Delta t}$$ 　　　　　　　　　(2-13)式

$$v_z = \frac{z_2 - z_1}{\Delta t}$$ 　　　　　　　　　(2-14)式

由於(2-11)式是在 Δt 的範圍內計算，它只能反映出物體在這段時間內位置的平均變化情形，所以我們稱之為平均速度(average velocity)，如圖 2-4 所示。如果要確切知道物體在任何時刻的位移快慢，則必須要了解瞬時速度(instantaneous velocity)才行。就好比說，從甲地開車到乙地花了 2 小時，甲乙兩地的直線距離為 100 km，那麼平均速度為 50 km/hr。但是，這並不代表開車的過程中都是以相同的 50 km/hr 進行的。

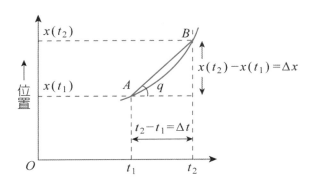

◎ 圖 2-4   從 A 點到 B 點的平均速度的圖象概念

（二）瞬時速度

當計算速度時的時間間隔 Δt 趨近於 0 時，(2-11)式到(2-14)式都不能直接使用，而必須透過取極限的方式來獲得。若極限值存在，可以利用微積分理論來計算，然而這已經超過本書之設定範圍。不過，我們可以透過圖形來理解瞬時速度的意義。圖 2-5 顯示一個一維直線運動中物體位置和時間關係的情形。從圖中可以理解到在 Δt 越來越小時，位移終點 P_2 會越來越

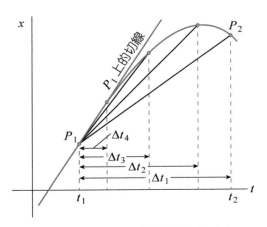

◎ 圖 2-5   瞬時速度的圖象概念

靠近位移起點 P_1，使得位移向量越來越像是位移起點 P_1 上的一條切線。由此可知，物體在運動軌跡某一點上的瞬時速度方向是沿著該點的切線指向物體前進的方向。

　　最簡單的運動形式是等速度運動。作等速度運動的物體，每隔相同的時間其位置變化量（位移）皆相同。若在 x－t 圖上畫出運動的情形時，圖形會是一條斜向或水平的直線〔如圖 2-6(a)〕。水平直線代表物體是靜止的，速度為 0，是等速度運動的特例。另外，以 v－t 圖表示時，得到的是一條水平直線，因為速度不隨時間改變〔如圖 2-6(b)〕。更進一步觀察會發現，v－t 圖中從 t_1 到 t_2 所圍的水平線下的面積大小恰等於物體在這段時間的位移大小。以數學式子表示為：

$$\Delta x = v\Delta t = v(t_2 - t_1) \tag{2-15 式}$$

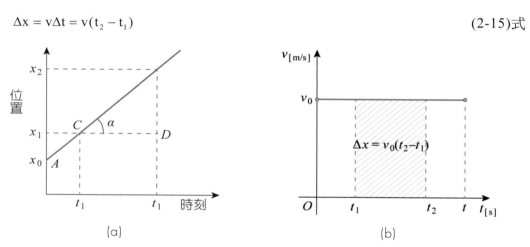

(a)　　　　　　　　　　　　　　(b)

🔈 圖 2-6　(a)為等速度運動的 x-t 圖；(b)為等速度運動的 v-t 圖

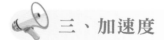

三、加速度

　　一般情況下，物體運動的速度都會不停地變化（包括大小和方向）。例如，車子起動是由靜止開始，經過一段時間之後達到一定的行駛速度。為了描述物體速度的變化情形，我們引入加速度(acceleration)的概念。

（一）平均加速度

　　平均加速度(average acceleration)的定義類似平均速度的定義，也就是在單位時間內速度的變化量：

$$\mathbf{a} = \frac{\Delta \mathbf{v}}{\Delta t} \tag{2-16 式}$$

（二）瞬時加速度

同樣地，想要了解某一時刻的真正加速度，必須讓(2-16)式的 Δt 趨近於 0。當 Δt 趨近於 0 並且極限值存在時，平均加速度就變成為瞬時加速度(average acceleration)。

以直線運動為例來看加速度。因為等速度運動的速度不會隨時間改變，所以它的平均加速度以及瞬時加速度都會為 0 m/s²。若一個物體的加速度為正值，則與加速度同向的運動會越來越快；若其加速度為負值，則與加速度同向的運動會越來越慢。

四、等加速度運動

最簡單的加速度運動是等加速度直線運動(motion in a straight line with constant aceleration)。在這個情況下，運動是以相同的方式來改變速度的。因此，在 v-t 圖上會呈現出一條直線，如圖 2-7 所示。換句話說，進行等加速度直線運動的物體，其速度為時間的一次函數，故：

$$v = v_0 + at \hspace{4cm} \text{(2-17)式}$$

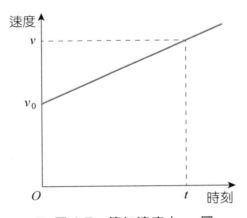

🔧 圖 2-7　等加速度之 v-t 圖

其中 v_0 為初速度，a 為加速度，t 為時間。再進一步分析可知，物體的位置與時間的關係為：

$$x = x_0 + v_0 t + \frac{1}{2} at^2 \qquad\qquad (2\text{-}18)式$$

或說任何時間的總位移為：

$$s = x - x_0 = v_0 t + \frac{1}{2} at^2 \qquad\qquad (2\text{-}19)式$$

其中 x_0 是起始位置。從(2-17)式和(2-19)式中消去 t 可得：

$$v^2 = v_0^2 + 2as \qquad\qquad (2\text{-}20)式$$

(2-17)、(2-19)和(2-20)三式是處理等加速度直線運動中常用的方程式。

範例 2-2

一物體作 $a=3$ m/s^2 的等加速度直線運動，初速度為 $v_0=2$ m/s。請問：

(1) 2 秒後速度變為多少？

(2) 3 秒末的總位移是多少？

(3) 第 3 秒內的位移是多少？

解答 (1) 利用(2-17)式知：

$$v = v_0 + at = 2 + 3 \cdot 2 = 8，$$

所以 2 秒後的速度為 8 m/s。

(2) 利用(2-19)式知：

$$s = v_0 t + \frac{1}{2} at^2 = 2 \cdot 3 + \frac{1}{2} \cdot 3 \cdot 3^2 = 19.5，$$

所以 3 秒末的總位移是 19.5 m。

(3) 第 3 秒內的位移是由 t＝3 之總位移減去 t＝2 之總位移，所以

$$\Delta x = (2 \cdot 3 + \frac{1}{2} 3 \cdot 3^2) - (2 \cdot 2 + \frac{1}{2} 3 \cdot 2^2) = 19.5 - 10 = 9.5 \text{。}$$

因此，第 3 秒內的位移為 9.5 m。

 五、自由落體運動

自由落體運動(motion of a free falling body)是生活中最常見的等加速度直線運動，也就是靜止物體從某個高度自由地落到地面上的運動。因為一開始物體是靜止的，所以 $v_0 = 0$。而在地表附近，物體受到地球作用產生的加速度為一定值，稱為重力加速度，g=9.8 m/s^2，因此(2-17)式變成：

$$v = gt \hspace{6cm} \text{(2-21)式}$$

物體下落的距離即為運動的位移，所以(2-19)式可寫成：

$$s = \frac{1}{2} gt^2 \hspace{5.5cm} \text{(2-22)式}$$

而(2-20)式變成：

$$v^2 = 2gs \hspace{5.5cm} \text{(2-23)式}$$

其中 v 是 t 時的下落速度。

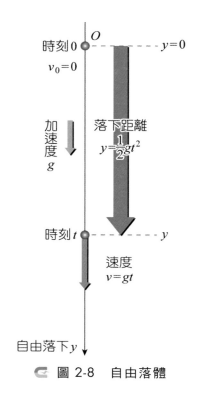

時刻 0 $\quad v_0 = 0$

加速度 g

落下距離 $y = \dfrac{1}{2}gt^2$

時刻 t $\quad\quad\quad\quad\quad\quad y$

速度 $v = gt$

自由落下 y

圖 2-8　自由落體

範例 2-3

一顆球在高度 19.6 m 之位置自由下落，請問：

(1) 球要花多少時間才落地？

(2) 球接觸到地面的那一剎那速度為何？

解答　(1) 利用(2-22)式可得：

$$19.6 = \frac{1}{2} \times 9.8t^2，$$

所以 t = 2s。

(2) 依據(1)之結果，再利用(2-21)式可得：

$$v = gt = 9.8 \times 2 = 19.6，$$

所以球落地時的速度大小為 19.6 m/s。

範例 2-4

從一棟高樓樓頂自由落下重 2 kgw 的物體，已知接觸地面時的速度大小為 32 m/s，則此棟高樓之高度為何？

解答 利用(2-23)式：

$$(32)^2 = 2 \cdot 9.8 \cdot s，$$

所以：

$$s = \frac{1024}{19.6} = 52.24 \text{ m}。$$

故樓高 52.24 m。

六、等速率圓周運動

　　圓周運動是一種簡單而且基本的非直線運動，了解圓周運動是了解物體轉動的基礎。如果物體作圓周運動的速度大小能保持一定時（注意，速度的方向一直在改變），則這種運動稱為等速率圓周運動(uniform circular motion)。雖然速度大小保持一定，但是速度的方向卻是時時刻刻都在變化。因此，等速率圓周運動不是等速度運動而是加速度運動。並且等速率圓周運動也不是等加速度運動，原因是等速率圓周運動的加速度只是在改變速度的方向而不改變速度的大小，所以加速度的方向必定與運動速度的方向垂直，因而加速度的方向永遠指向圓心，我們將這種加速度稱為向心加速度(centripetal acceleration)。

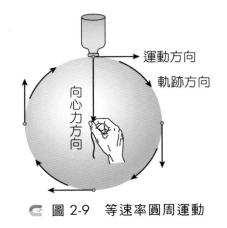
運動方向
軌跡方向
向心力方向

⊙ 圖 2-9　等速率圓周運動

假設我們知道物體作等速率圓周運動的速度大小 v 以及旋轉半徑 r，則向心加速度大小為：

$$a = \frac{v^2}{r}$$ (2-24)式

物體每繞行一圈所需要的時間稱為週期(period)，則有：

$$T = \frac{2\pi r}{v}$$ (2-25)式

因此，若知道等速率圓周運動的週期以及半徑，透過(2-24)式也可以得到向心加速度：

$$a = \frac{4\pi^2 r}{T^2}$$ (2-26)式

範例 2-5

用繩子綁住一塊石頭使其作等速率圓周運動。若旋轉半徑為 0.6 m，並且繞一週所花的時間為 0.5 s。請問向心加速度為多少？又速度大小為何？

解答 利用(2-26)式，得：

$$a = \frac{4\pi^2 r}{T^2} = \frac{4 \times \pi^2 \times 0.6}{(0.5)^2} = 94.75 \text{。}$$

利用(2-25)式可計算出速度大小為：

$$v = \frac{2\pi r}{T} = \frac{2 \times \pi \times 0.6}{0.5} = 7.54 \text{。}$$

所以向心加速度為 94.75 m/s^2，而速度大小為 7.54 m/s。

2-2 力與牛頓運動定律

　　前一節敘述如何描述物體的運動狀態，其中並未牽涉到物體為何有這些運動情況或是物體如何改變運動狀態。本章將敘述物體之間的相互作用以及這些作用對運動的影響。而整個基礎可歸納成牛頓(Newton)的三大運動定律。

一、力

　　力本身是看不到的，可是力所造成的結果是可觀察的。整個自然界中，到處充滿著力的現象，比如熟透的蘋果受到地心引力的作用自由下落、絲絹摩擦過後的塑膠尺以靜電力吸引小紙片、磁鐵以磁力吸引鐵塊，甚至原子核質子與中子互相作用的核力等。力所造成的效應可分成兩種：一種是造成物體的形變，另一種則是造成物體運動狀態的改變（圖 2-10）。這兩種效應都可以用來測量力的大小，其中以形變的效應比較方便。

　　大家熟悉利用彈簧秤來量測力量的大小，其所依據的原理是虎克定律(Hooke's law)。虎克定律（圖 2-11）可描述成：在彈性限度內，物體的形變量與外力成正比。以數學式表示為：

$$F = kx \hspace{6cm} \text{(2-27)式}$$

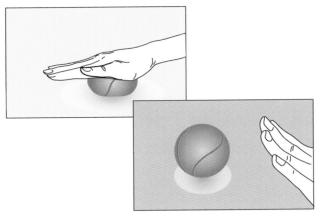

G 圖 2-10　力的效應：形變和改變運動狀態

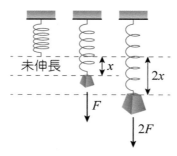

未伸長

x

$2x$

F

$2F$

🔵 圖 2-11　虎克定律

其中 F 代表外力的大小，力的重量單位為公斤重(kgw)或公克重(gw)；x 是形變的大小（以彈簧來說就是長度變化量），單位為公尺(m)或公分(cm)；k 是形變物體的彈力係數，單位為公斤重每公尺(kgw/m)或公克重每公分(gw/cm)。當彈簧的伸長量或收縮量越大時，代表作用在彈簧上的力量就越大。

範例 2-6

有一彈簧，彈力係數為 12 kgw/m。若施一力於彈簧上使得彈簧伸長 10 cm，則此力有多少 kgw？

解答　因為彈力係數單位為 kgw/m，但是伸長量為 10 cm，所以首先將伸長量改用 m 表示。因此有 x = 0.1 m。再利用(2-27)式得：

$$F = 12 \text{ kgw/m} \times 0.1 \text{ m} = 1.2 \text{ kgw}$$

故施力大小為 1.2 公斤重。

範例 2-7

有一彈簧，當掛著 5 gw 的物體時，彈簧總長度為 20 cm。改掛 8 gw 的物體時，彈簧總長度為 26 cm。請問彈簧的彈力係數為何？又彈簧原長為多少？

解答　假設彈簧原長為 ℓ cm 且彈力係數為 k。根據題目所提供的資料，我們可以寫出聯立方程式

$$\begin{cases} 5 = k(20 - \ell) \\ 8 = k(26 - \ell) \end{cases}。$$

將兩式相減可得 $3 = 6\,k$，

所以 $k = 0.5$。

將上式代入聯立方程式可解出 $\ell = 10$。

因此彈簧原來的長度為 10 cm，而彈力常數為 0.5 gw/cm。

事實上，力和加速度一樣是一個具有方向性的物理量，即力是一個向量。並且因為力作用在不同位置上所產生的效應會不同，所以要正確描述力必須指明力的大小、方向以及其作用點。

 二、牛頓運動定律

牛頓基於觀察物體運動的情況以及前人對力學的研究結果整理出三條運動定律，這三條運動定律成為動力學的基本原理。

（一）牛頓第一運動定律(Newton's 1st law of motion)

牛頓第一運動定律的敘述為：任何物體在不受外力作用或所受合力為零的情況下，靜者恆靜，動者恆作等速度（直線）運動。此定律又稱為慣性定律(law of inertia)。

上述觀念與日常生活中所觀察到的現象似乎有所不同。例如，地上滾動的球在沒有其他外力作用下（錯誤的看法）最後會停止下來。事實上，球會停止下來的真正原因是地面施予球的摩擦力造成。如果球在比較光滑的表面上滾動，則球在停止之前所滾動的距離會變大。地面越光滑，球滾動的距離就越遠。依此類推，假想地面「完全」光滑（理想狀態），則球應該滾動到無窮遠處，也就是不會停下來。這就是當初伽利略(Galileo)的類似想法（圖 2-12）。物體這種保有原來運動狀態的特性稱為慣性(inertia)。

　　觀察物體慣性的存在非常簡單。以坐車為例，當車子加速前進時身體會不自主地向後仰；當車子緊急煞車時，身體會向前傾。這是身體欲保有原來運動狀態的現象。另外，倒出瓶子內的番茄醬、甩掉洗完手停留在手上的水、靜止的飛機很難拖動、賽跑選手抵達終點無法立即停下等，這些都是物體慣性的表現。

　　本章第一節提過，要描述運動必須建立座標系統。凡是牛頓第一運動定律可以成立的座標系統就稱為慣性座標系統(inertial frame of reference)。

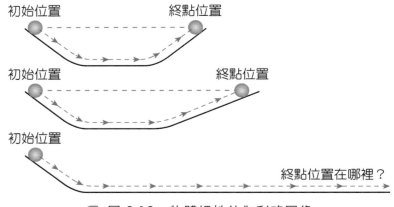

圖 2-12　物體慣性的伽利略圖像

圖 2-13　慣性的表現

（二）牛頓第二運動定律(Newton's 2nd law of motion)

　　當物體受一力作用或所受合力不為零時將會如何改變運動狀態？牛頓第二運動定律提供這個問題的答案，其敘述為：任何物體受到外力作用（合力不為零）時，會沿著（合）力的作用方向產生加速度，此加速度大小與外力成正比而與物體質量成反比，方向與力的方向相同（圖 2-14）。以數學式表示為：

$$\vec{F} = m\vec{a} \tag{2-28式}$$

其中 $\vec{F}$ 代表外力，$\vec{a}$ 代表加速度而 m 代表質量。

力　　　質量　　加速度

⊃ 圖 2-14　牛頓第二運動定律

　　特別注意：質量的單位為 kg 或 g，加速度的單位為 m/s^2 或 cm/s^2，這時力的單位為 $kg \cdot m/s^2$ 或 $g \cdot cm/s^2$。我們將 $kg \cdot m/s^2$ 定義為新單位牛頓(N)，而 $g \cdot cm/s^2$ 定義為新單位達因(dyne)。這和之前的重量單位（kgw 或 gw）不同。兩者之間具有下列關係：

$$1 \text{ kgw} = 9.8 \text{N} \tag{2-29式}$$

和

$$1 \text{ gw} = 980 \text{ dyne} \tag{2-30式}$$

　　我們從(2-28)式可以看到，第一運動定律其實只是第二運動定律的特例。當外力為零時，加速度亦為零，所以速度保持定值。這說明了靜止恆靜，動者恆作等速度（直線）運動。因此，我們將質量 m 稱為慣性質量(inertia mass)。另外，(2-28)式也說明在一定力量的作用下，物體的慣性質量越大，產生的加速度越小，也就是物體的慣性越大，越難改變它的運動狀態。

範例 2-8

某一質量為 20 kg 之物體，受一力作用產生 2 m/s² 的加速度。請問該力大小為何？

解答 由(2-28)式知：

$$F=20 \text{ kg} \times 2 \text{ m/s}^2 = 40 \text{ kg·m/s}^2 = 400 \text{ N}$$

範例 2-9

有一物體，質量為 5 kg，一開始做 3 m/s 的等速度運動。該物體受到一個沿著運動方向的固定力量作用，經過 5 秒之後，速度變成 9 m/s。請問此作用力的大小為何？

解答 要利用(2-28)式，必須先知道加速度。所以物體的加速度為：

$$a = \frac{v_2 - v_1}{t_2 - t_1} = \frac{(9-3) \text{ m/s}}{5 \text{ s}} = 1.2 \text{ m/s}^2$$

從(2-28)式知：

$$F=5 \text{ kg} \times 1.2 \text{ m/s}^2 = 6 \text{ kg·m/s}^2 = 6 \text{ N}$$

（三）牛頓第三運動定律(Newton's 3rd law of motion)

我們在進行跳躍的時候發現，雙腿往地面蹬的力量越大，身體往上升的高度越高。雙腿向地面施力，身體卻往上跑，顯然身體應該受到一個力量的作用才對。然而，前述的兩個運動定律無法解釋這種現象。牛頓認為當一個物體受到其他物體作用時，被作用物體必須同時給作用物體一個大小相等、方向相反且作用在同一直線上的反作用力，這就是牛頓第三運動定律。若以 $\vec{F}$ 代表作用力而 $\vec{F'}$ 代表反作用力，則第三運動定律可以寫成：

$$\vec{F} = -\vec{F'}$$ (2-31)式

第三運動定律又稱為作用力與反作用力定律(law of action and reaction)。

　　第三運動定律解釋了為什麼穿著溜冰鞋的人用力推牆壁，牆壁不會動而人卻往後溜走。我們必須注意到，作用力與反作用力一定是同時存在並且是同時消失的。又因為兩力分別作用在不同的物體上，所以不能相互抵消。試想：你可以將自己舉起嗎？

G 圖 2-15　牛頓第三運動定律

範例 2-10

如下圖所示，兩個人穿著溜冰鞋在冰上面對面站著，雙手接觸。突然兩人互推一力，已知兩人質量分別為 50 kg 和 80 kg。請問互推瞬間，兩人受力量大小之比為何？又兩人所獲得的加速度大小之比為何？

解答　由牛頓第三運動定律知道，兩人所受力量大小之比為 1：1。又因為兩人質量比為 5：8，所以由牛頓第二運動定律(2-28)式知，加速度大小之比為 8：5。

2-3 生活中的力

在這一節當中，我們介紹幾種日常生活中經常感受或利用的力。

 一、重力與大氣壓力

重力，又稱萬有引力，是指具有質量的兩個物體間的吸引力。牛頓的萬有引力定律對重力的陳述是：力的大小與兩物體質量乘積成正比而與兩物之間的距離平方成反比。這個定律不但解釋了為什麼離開樹枝的蘋果會掉到地上，也解釋了為什麼月球會一直繞著地球運轉。

由於我們生活在地球上，地球引力無所不在，所以生活上的任何動作都與重力有關。例如工人砌牆的時候，利用綁有重錘的線來檢驗牆身是否豎直，這就是充分運用重力的方向是垂直於地面的原理。又，如果沒有重力，就沒有辦法把水從杯中倒入口中，那麼喝水就會出現問題。

大氣壓力也是因為地球周遭的氣體受到重力的作用造成的。大氣壓力可以利用在水銀槽中倒置試管，由試管內水銀柱高度來測量。如圖 2-16 所示，首先將足夠長（約 1 公尺即可）的試管注滿水銀，然後倒置入水銀槽中。我們將發現管內水銀柱會下降到某一個高度，此時管內上方只有少量水銀蒸氣，接近真空狀態。因為水銀蒸氣壓非常小，所以可以忽略，又假設不考慮試管的毛細現象，則管內水銀柱對與水銀槽液面等高處所產生的壓力與大氣在水銀槽液面所產生的壓力會相等。故大氣壓力可以由試管內的水銀柱高度來表示。若管內水銀柱高度為 h，則大氣壓力為：

$$P = \rho gh \tag{2-32 式}$$

其中 ρ 為水銀密度 $13.6 \ g/cm^3$，g 為重力加速度。

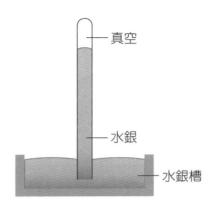

圖 2-16　利用水銀來測量大氣壓力

　　我們定義一個標準大氣壓(atm)為：在 0°C 且重力加速度 g 為 980 cm/s² 的地方，水銀柱高度正好為 76 cm 時的大氣壓力。依據(2-32)式可以算出：

$$1\,atm = 13.6\ g/cm^3 \times 980\ cm/s^2 \times 76cm = 1.013 \times 10^6\ dyne/cm^2$$
$$= 13,600\,kg/m^3 \times 9.8\ m/s^2 \times 0.76m = 1.013 \times 10^5\ N/m^2 \qquad (2\text{-}33)式$$
$$= 1,013 \times 10^2\ Pa$$

　　在氣象領域的應用上經常採用百帕為氣壓的單位，所以一標準大氣壓等於 1,013 百帕。

　　大氣壓力在日常生活中有許多的應用。例如使用吸管吸取杯中的果汁。當吸氣時，吸管中的空氣會被吸走，吸管內壓力下降。此時杯子液面上的大氣壓力會向下壓擠果汁使得果汁沿著吸管流入口中（圖 2-17）。

圖 2-17　利用吸管喝果汁時，因為吸管中的空氣被吸走，管內壓力下降，大氣壓力
　　　　　會擠壓果汁沿著吸管流入口中

　　另外，塑膠吸盤也是利用大氣壓力的小器具。當塑膠吸盤要被固定在光滑表面上時，我們壓縮吸盤將內部空氣排出，造成內部壓力下降，最後大氣壓力將塑膠吸盤緊壓在表面上（圖 2-18）。

　　月球會一直繞著地球運行是因為月球受地球作用的重力成為月球繞著地球的向心力。人造衛星也是利用一樣的原理。不過，天體的運行是在其形成之時即已決定。人造衛星則是必須先克服地球引力，並且進入其軌道上持續繞著地球運行。

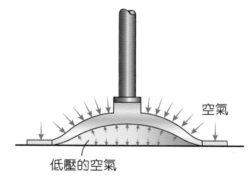

⬅ 圖 2-18 當塑膠吸盤被擠壓時，內部壓力下降，於是大氣壓力緊壓塑膠吸盤使其固定在光滑表面上

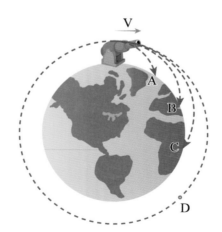

⬅ 圖 2-19 人造衛星必須先脫離地球的束縛才能到達其軌道運行。若人造衛星運送載體的初速度不夠大，最終還是會落回地面上

二、摩擦力

摩擦力是一種重要的力，在生活中有非常廣泛的實際應用。想想，在冰面上行走容易還是一般道路上行走容易？很明顯地，冰面的摩擦力小，因此行走時容易打滑。一般道路的摩擦力大，移動較費力，但是抓地能力增加，行走較穩。

摩擦力是存在於兩界面之間的一種作用力，主要是界面上的原子或分子之間互相作用的電磁力。我們對摩擦力作觀察時發現（圖 2-20），當施力比較小時，物體仍保持靜止，此時所施之力完全被摩擦力所抵銷。這種摩擦力稱為靜摩擦力。當施力大於最大靜摩擦力時，物體開始運動。物體開始運動的瞬間會感受到阻力突然變小，也就是說物體運動時的動摩擦力比最大靜摩擦力小。

另外，增加正向力（垂直於接觸表面的力）會增加摩擦力。雖然摩擦力與接觸面的性質有關係，表面越光滑，摩擦力越小；表面越粗糙，摩擦力越大。可是，摩擦力的大小卻與接觸面積的大小無關。還有，滾動摩擦比滑動摩擦來得小，所以滾動比滑動容易。這也就是車輪做成圓形的原因，也是機車在有小沙子的路面上容易轉倒的原因。

由於摩擦力是發生在接觸的兩個表面之間的作用力，這使得機械在運作時有幾項缺點：(1)消耗能量，降低機械效率；(2)產生摩擦，容易損壞機械。減少摩擦有幾個方法：(1)減少正向力；(2)增加潤滑；(3)以滾動代替滑動。

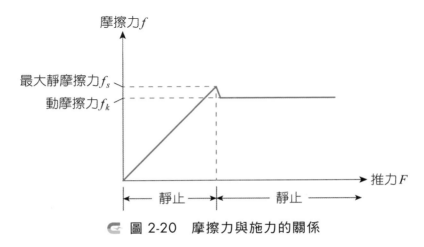

 圖 2-20　摩擦力與施力的關係

　　雖然摩擦力有諸多缺點，但是生活中沒有摩擦力也不行。例如：手拿物體必須靠著摩擦力；車子的轉彎與停止都需要摩擦力，否則行車會發生危險。只要更了解摩擦力，就能善用摩擦力，使生活更加便利美好。

好吃力　　　　　　　　　　　　這樣就輕鬆多了

　　圖 2-21　　滾動方式可以大幅減少摩擦力，使得物體容易搬運

三、彈力

　　物體受外力作用時可能會發生形狀的改變，在外力消失後，某些物體能夠完全恢復原來的形狀而某些物體則無法完全恢復，這種外力消失後能使物體恢復原狀的力量稱為彈力。前面介紹的彈簧秤就是利用彈力來測量施力大小或物體重量的一項工具。

　　除彈簧秤以外，日常生活中也有很多利用彈力的例子。比如家具中可以讓人坐臥舒服的沙發與彈簧床；可以防止汽機車行走顛簸的彈簧避震器（圖 2-22）；健身時可以訓練肌力的彈力繩（圖 2-23）；兼具緩衝性及安全性的高空彈跳；維持機械式鐘錶運行的彈簧裝置（圖 2-24）等。

　　圖 2-22　　彈簧避震器

圖片來源： http://www.aoo.net.cn/wp-content/uploads/2014/09/2120.jpg

圖 2-23　健身彈力繩

圖片來源：典匠資訊有限公司，Mark Herreid

圖 2-24　機械式手錶內部的平衡輪(1)與彈簧(2)

圖片來源：http://img.wbiao.cn/default/201309/03/1378217642970832800.jpg

習題演練

一、是非題

(　　) 1. 在運動物體的位置與時間(x-t)圖中，圖形上某一點切線斜率代表該點對應時刻的瞬時速度。

(　　) 2. 在運動物體的速度與時間(v-t)圖中，曲線下的面積代表物體的速度變化量。

(　　) 3. 當物體的速度為零時，加速度必為零。

(　　) 4. 當物體自由落下時，因為加速度越來越大，所以速度也越來越大。

(　　) 5. 一物體作等速率圓周運動時，物體速率保持不變，所以加速度為零。

二、選擇題

(　　) 1. 一個坐在旋轉木馬上的小朋友處於加速狀態。因為這個小朋友：
(A)相對於地面正在運動　(B)沒有改變速率　(C)相對太陽正在運動
(D)總在改變運動方向。

(　　) 2. 下列關於路徑長和位移的說法中，正確的是：　(A)位移為零時，路徑長一定為零　(B)路徑長為零時，位移不一定是零　(C)物體沿直線運動時，位移的大小可以等於路徑長　(D)物體沿曲線運動時，位移的大小可以等於路徑長。

(　　) 3. 關於加速度的概念，下列說法正確的是：　(A)加速度就是加出來的速度　(B)加速度反映了速度變化的大小　(C)加速度反映了速度變化的快慢　(D)加速度為正值，表示速度的大小一定越來越大。

( ) 4. 下圖為 A、B 兩個質點作直線運動的位置-時間圖，則： (A)在運動過程中，A 質點總是比 B 質點快 (B)在 0-t_1 時間內，兩質點的位移相同 (C)當 t=t_1 時，兩質點的速度相等 (D)當 t=t1 時，A、B 兩質點的加速度都大於零。

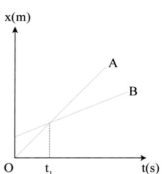

( ) 5. 一個物體的平均速率是： (A)不同的速率相加，除以速率的數量 (B)路徑長除以經過這個路程的時間 (C)時間除以路程 (D)時間乘以加速度。

( ) 6. 對於自由落體運動，下列說法正確的是： (A)在 1 s 內、2 s 內、3 s 內的位移比是 1：3：5 (B)在 1 s 末、2 s 末、3 s 末的速度比是 1：3：5 (C)在第 1 s 內、第 2 s 內、第 3 s 內的平均速度比是 1：3：5 (D)在相鄰兩個 1 s 內的位移之差都是 9.8 m。

( ) 7. 質點作等速率圓周運動，下面說法正確的是： (A)法線加速度的大小和方向都在變化 (B)法線加速度的大小變化，方向不變 (C)法線加速度的方向變化，大小不變 (D)法線加速度的大小和方向都不變。

( ) 8. 下列有關物體運動的敘述，何者正確？ (A)等速度運動是不考慮方向的 (B)等速度運動可為直線運動，亦可為曲線運動 (C)等速度運動必為直線運動 (D)等速度運動任一時刻的速度不一定相等。

( ) 9. 兩車的運動速度相等，指的是： (A)兩車的運動方向相同 (B)兩車的運動速率相同 (C)兩車的運動方向和運動速率相同 (D)兩車的平均速度相同。

( ) 10. 有關速度的說法，正確的是： (A)物體速度越大，則物體的運動路程就長 (B)物體速度越大，則物體的運動時間越短 (C)物體速度越大，表示物體運動越快 (D)以上說法都正確。

( ) 11. 物體保持原有運動狀態的特性，叫做： (A)慣性 (B)摩擦力 (C)引力 (D)重力。

( ) 12. 物體受不為零之合力作用,則合力將會: (A)改變物體的運動狀態 (B)被另外的力抵消 (C)不改變物體的運動狀態 (D)與這個物體的重量相等。

( ) 13. 雞蛋碰石頭,結果雞蛋破了,雞蛋和石頭何者受力較大? (A)雞蛋 (B)石頭 (C)相等 (D)不一定。

( ) 14. 太空中火箭能向前推進,主要是由於: (A)噴出去的氣體施力於空氣,空氣給火箭的反作用力 (B)空氣的浮力 (C)噴出去的氣體給火箭的反作用力,火箭前進。

( ) 15. 下列敘述何者有誤? (A)用螺旋槳飛行的飛機,如果無空氣,就無法飛行前進 (B)噴射機或火箭所以能夠前進是利用噴射出來的氣體推空氣,而空氣產生反作用的結果 (C)作用力與反作用力是分別作用於不同的物體上 (D)步槍發射子彈,槍身會向後退,可以說明作用與反作用現象。

( ) 16. 下列那一對力滿足牛頓第三運動定律－作用力與反作用力定律,兩力大小相等方向相反: (A)物體靜置在桌面時,物體所受的正向力和物重 (B)繩吊物體時,繩子張力和物重 (C)甲乙兩人互推時,甲推乙的力和乙推甲的力 (D)以上皆非。

( ) 17. 一部向北行駛的車子突然向右轉,則坐在車內的人的身體會向哪邊傾斜? (A)東邊 (B)西邊 (C)南邊 (D)北邊。

( ) 18. 當保齡球碰撞球瓶時,保齡球施於球瓶的力的反作用力為: (A)地面對球瓶阻擋的力 (B)空氣對球瓶阻擋的力 (C)球瓶對保齡球阻擋的力 (D)球瓶所受的重力。

( ) 19. 大聯盟比賽中,投手陳偉殷投出強勁的快速直球直達本壘,下列敘述何者正確? (A)棒球飛行過程不受外力,始終保持直線前進 (B)棒球能直達本壘,是因為投手持續施力 (C)棒球向前飛行是因為球投出後的慣性作用 (D)棒球飛行速率愈快,是因為飛行過程的受力愈大。

(　　) 20. 如果一物體持續靜止不動，則下列何者錯誤？ 　(A)它的速度為零 (B)沒有加速度 　(C)作用於物體之合力為零 　(D)物體必不受任何外力的作用。

三、計算題

1. 一個人自座標原點出發，經過 10 秒向東走了 25 m，又經過 10 秒向北走了 20 m，再經過 5 秒向西方向走了 10 m。求：(1)整個過程的位移和路徑長；(2)整個過程的平均速度和平均速率。

2. 一個家庭開車去旅行。他們以 100 km/hr 開了 1.5 小時，再以 90 km/hr 開了 2.5 小時。請計算一下他們的平均速率。

3. 物體在 44.1 m 的高處自由下落，請問經幾秒後該物體會落至地面？落地的瞬間速度大小為何？

4. 一輛質量為 2,300 公斤的卡車以 20 m/s 之速度行駛，因前方紅燈，欲在 2 秒鐘內停止，則卡車煞車的力量大小為何？煞車期間卡車滑行多少距離？

5. 棒球質量 150 g，投手將球以 40 m/s 的速度投出，打擊者揮棒落空，球進入捕手手套到停止所經過的時間為 0.02 秒，則球對捕手手套的作用力大小為多少牛頓？

6. 甲的質量為 50 公斤，乙的質量為 25 公斤，兩人在溜冰場的水平冰面上，開始時都是靜止的。兩人互推後，甲、乙反向直線運動，甲的速率為 0.1 公尺／秒，乙的速率為 0.2 公尺／秒。假設互推的時間為 0.01 秒，忽略摩擦力及空氣阻力，則兩人受力為多少？

7. 彈簧下端懸掛 50 克重的物體時，彈簧全長為 40 公分，改掛 70 克重物時，全長為 44 公分，則掛 80 克重時，全長為多少公分？

8. 一容器底面積為 5 cm^2，內裝有密度為 2 g/cm^3 的液體，其深度為 10 cm，則容器底部所受壓力為何？

CH
03

Basic
Physics

熱

3-1　溫度與熱量

　　新型流感的盛行以及其對人體傷害的嚴重性，使得各機關單位及各學校採取各種的防疫措施，而在這些措施當中，量測體溫始終都是最重要的篩檢步驟。人類體內有一套控制體溫的生理機制，當身體某些部位出現不正常狀態時，體溫就會以偏於正常人體溫範圍的方式呈現。因此，不正常體溫的呈現經常是身體健康的一個提醒指標。

　　另外，人類的文明進步造成二氧化碳排放量逐年高升，使得海水平均溫度上升，全球氣候變化劇烈，引發近年來全球重視的氣候暖化問題。甚至連電影也以此做為題材，還得到不錯的票房。顯然，生存的環境也必須要有穩定的溫度控制才能維持各種生物的連綿不絕。

　　不管是環境還是生物，溫度的測量都是很重要的工作。我們已經知道溫度是一種表示物體冷熱程度的物理量。依據人體對冷熱程度的感受來判定溫度高低是非常不準確的。例如，同樣是 15°C 的天氣，有些人覺得涼爽，但是有些人卻覺得已經很冷。即使是同一個人，在左右手分別先接觸冷熱水之後再接觸同一盆溫水，兩手也會對同一盆水產生不同的冷熱感受。因此，我們必須有一個客觀而標準的工具來測量溫度才行，而測量溫度最普遍的工具就是溫度計。

　　測量溫度的工具非常多，像是水銀溫度計、酒精溫度計、熱電偶等。另外，也有利用紅外線方式的溫度計，它並不需要接觸才能測量溫度，而是以偵測物體釋放的紅外線光譜能量來得到溫度。

 一、熱平衡

　　溫度的測量是透過熱平衡的概念來完成的。例如，我們要量一杯熱茶的溫度，我們將溫度計置於杯中，測量期間我們看到溫度計中的水銀持續上升，直到經過一段時間之後水銀會停留在某個高度，這時我們稱溫度計和熱茶達到熱平衡的狀態，所以我們可以從這個高度讀出溫度的數值。

所謂熱平衡是指，當溫度較高的系統與溫度較低的系統接觸時，兩個系統的溫度會趨向於相等。當兩系統溫度相等時，我們稱兩系統達熱平衡。從這裡可以更引伸出：當兩個系統同時分別與第三個系統達熱平衡時，這兩個系統也互相達熱平衡狀態。

二、溫標

日常生活中，使用的溫標有攝氏溫標和華氏溫標兩種，另外在科學研究上還使用一種絕對溫標。

攝氏溫標是在一大氣壓下將純水的冰點溫度定為 0，而純水的沸點溫度定為 100，兩溫度之間分割成 100 等分。單位符號以°C 表示。東方世界多以攝氏溫度表示。

華氏溫標則是在一大氣壓下將純水的冰點溫度定為 32，而純水的沸點溫度定為 212，兩溫度之間分割成 180 等分。單位符號以°F 表示。西方世界多以華氏溫度表示。

絕對溫標是透過熱力學理論而訂定出來的，又稱克氏溫標，單位符號以 K 表示。在一大氣壓下，純水的冰點溫度為 273.15 K，而純水的沸點溫度為 373.15 K。明顯地，在兩溫度之間也是分割成 100 等分。

透過簡單的一次函數關係，我們可以得到不同溫標之間的轉換。假設攝氏溫度為 x°C，則其對應的華氏溫度 y°F 與絕對溫度 zK 的關係如下：

$$y = 1.8x + 32 \qquad\qquad\qquad (3\text{-}1)式$$

$$z = x + 273.15 \qquad\qquad\qquad (3\text{-}2)式$$

圖 3-1 為三種溫標之比較。

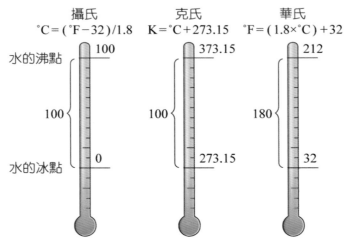

攝氏　　　　　克氏　　　　　華氏
°C = (°F−32)/1.8　　K = °C+273.15　　°F = (1.8×°C)+32

水的沸點　　　100　　　　　　373.15　　　　　212

100 {　　　100 {　　　180 {

水的冰點　　　0　　　　　　273.15　　　　　32

◢ 圖 3-1　攝氏、克氏和華氏三種溫標之比較

範例 3-1

近來天氣常常極寒極暑，當氣溫達 38°C 時相當於華氏幾度？又華氏零下 35°C 時相當於攝氏幾度？

解答　利用(3-1)式，則當 x = 38 時，

$$y = 1.8 \times 38 + 32 = 100.4$$

所以當氣溫達 38°C 時相當於 100.4°F。

又 y = −35 時，解(3-1)式得：

$$x = \frac{-35 - 32}{1.8} = -30.56$$

所以當氣溫達 −35°F 時相當於 −30.56°C。

三、熱量與比熱

　　早期為了描述熱量多寡，採用卡為單位。它的定義為一克純水在一大氣壓下從 14.5°C 上升至 15.5°C 所需要吸收的熱量稱為一卡。因此，質量為 m 克的水上升 ΔT°C 時所需要吸收的熱量 Q 為：

$$Q = m\Delta T \qquad\qquad (3\text{-}3)式$$

範例 3-2

在流行性感冒發作時，一個 75kg 的人從正常體溫 37.0°C 上升至 39.2°C。因為人體內水占大部分的比例，請依水的性質估計要多少熱量才能產生這樣的溫度上升？

解答　利用(3-3)式可得：

Q=75 kg×1,000 g/kg×(39.2−37.0)°C×1 cal/g =165,000 cal

故需要 165,000 cal 或說 165 kcal。

　　實際上，每一種物質同樣上升 1°C 所吸收的熱量並不會和水一樣。我們將提供給某物質的熱量 Q 和其相應增加的溫度 ΔT°C 的比值稱為該物質的熱容量，單位質量的熱容量稱為比熱：

$$c = \frac{Q}{m\Delta T} \qquad\qquad (3\text{-}4)式$$

範例 3-3

已知銅的比熱為 0.390 cal/g°C，則要將 20 克的銅從 20°C 加熱至 80°C 需要多少熱量？

解答 利用(3-4)式知 $Q = mc\Delta T$，所以有：

$$Q = 20 \times 0.390 \times (80 - 20) = 468$$

故需要 468 cal 的熱量。

範例 3-4

一個 120 克的物體經提供 1,200 cal 的熱量之後，溫度從 20°C 上升至 134°C。請問該物體之比熱為何？

解答 直接利用(3-4)式可得：

$$c = \frac{1200}{120(134 - 20)} = 0.0877$$

所以該物質的比熱 0.0877 cal/g°C。

3-2 熱與物態變化

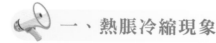 一、熱脹冷縮現象

前面所述溫度計是以熱平衡為原理來完成的，但是測量期間一定伴隨物體體積隨溫度而變化的現象。任何物體在溫度變化時皆會發生這種熱脹冷縮的現象。大部分的物體都是在溫度升高時體積膨脹，在溫度降低時體積收縮。水則是在 0°C 到 4°C 之間會有反常的現象。

（一）固體的熱膨脹

固體的熱脹冷縮是物質三態中變化最小的。考慮一支金屬棒，當溫度 $T_1 °C$ 時的長度為 ℓ_1，而溫度到達 $T_2 °C$ 時長度變為 ℓ_2，則我們發現長度之間有如下的關係：

$$\ell_2 = \ell_1 \left[1 + \alpha(T_2 - T_1)\right] \tag{3-5}式$$

其中 α 是物體的線膨脹係數。若假設 $\Delta\ell$ 為溫度變化 ΔT 所產生的長度變化，則(3-5)式可以寫成：

$$\Delta\ell = \ell_1 \alpha \Delta T \tag{3-6}式$$

範例 3-5

已知鋼的線膨脹係數為 $1.2 \times 10^{-5} K^{-1}$。若一條鋼線在 20°C 時的長度為 150cm，則在氣溫為 33°C 時的長度為何？

解答 由(3-5)式知：

$$\ell_2 = 150 \left[1 + (1.2 \times 10^{-5})(33 - 20)\right] = 150.0234$$

所以此時鋼線長度變為 150.0234 cm。

線膨脹通常不是很大，不過不注意這現象卻會引起很大的影響。例如鐵軌與鐵軌之間的間距安排，間距過大會造成電車行走時的不平穩，間距過小會造成氣溫升高引起鐵軌膨脹，鐵軌彼此擠壓隆起變形，造成更大的危險性。

另外，線膨脹也可以被利用來做為自動控制裝置。我們可以將兩種不同膨脹係數的金屬棒結合在一起。當溫度升高時，由於膨脹係數不一樣，所以兩根金屬棒的伸長量不同。這導致伸長量較大的一方會彎向伸長量較短的一方。當溫度回復時，兩根金屬棒的長度又回到原來的狀態。溫度降低時，則膨脹係數大者收縮較多。所以，這時候金屬棒則是向另一方彎曲（見圖 3-2）。

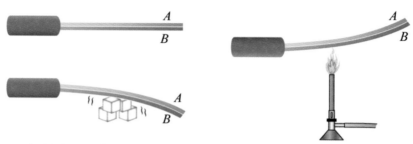

◎ 圖 3-2　A 為低膨脹係數的金屬而 B 為高膨脹係數的金屬。當溫度降低時，B 金屬收縮較多，長度較短，所以彎向 B 側。反之，當溫度升高時，B 金屬膨脹較多，長度較長，所以彎向 A 側

（二）液體與氣體的熱膨脹

　　事實上，在一些以液體為工作物質的溫度計就是利用該液體的熱脹冷縮性質。要觀察液體的熱膨脹現象，可以用容器盛裝液體，然後再將裝置加熱來觀察液面的升降。因為容器本身也會熱脹冷縮，所以在觀察時必須考慮到容器因素。當溫度升高時，一開始容器先受熱膨脹，容量增加，液面高度下降。然後液體也開始受熱膨脹，液面高度開始上升。由於大多數液體的膨脹係數都比固體的大，所以可以觀察到液面的最後高度要比原來的高度高。

　　絕大部分的物質都會熱脹冷縮，但是少部分物質卻例外，例如水在 0°C 到 4°C 之間反而是熱縮冷脹。實驗證實純水在 4°C 時密度最大，所以在一定質量下，此時水所具有的體積最小。當水從 4°C 降溫時，由於密度變小，所以體積增加；當水從 4°C 升溫時，由於密度也是變小，所以體積仍是增加。造成水在 4°C 時，熱脹冷也脹。

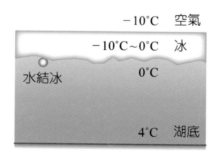

◎ 圖 3-3　湖水先從水面開始結冰

　　水在 0°C 到 4°C 之間異常現象使得氣溫降到 0°C 以下時，湖水先從湖面開始結冰，因為 0°C 的水密度比 4°C 的水的密度小，因此會在湖面上。而這個現象使得水中生物即使在湖面結冰時，仍能夠在湖底下仍為液態的水中生存。

　　物質依其外觀性質可區分為固態、液態和氣態三種。在常溫常壓下，金、鐵等金屬元素是以固態形式存在於自然界中，溴、水銀（汞）等為液態，氧、氮等為氣態。這些物質的狀態並非一成不變的。當環境狀態改變時，例如加溫加壓，物質的狀態會作變化。以水為例，零下 5°C 的冰塊經過加熱之後，溫度升高一直到 0°C 時，整個冰塊溶化變成液態的水。當持續加熱使溫度達到 100°C 時，所有液態的水都變成氣態的水蒸氣。

　　純物質在正常壓力下，從固態熔化變成液態或從液態凝固變成固態時的溫度稱為熔點；從液態汽化變成氣態或從氣態凝結變成液態時的溫度稱為沸點。當物質在這些溫度作狀態改變時會伴隨著熱量的進出，我們把這些作為狀態改變而不是溫度升高的熱量稱為潛熱。在熔化時稱為熔化熱，在汽化時稱為汽化熱。以水為例，水的熔化熱為 80 cal/g，汽化熱為 539 cal/g。

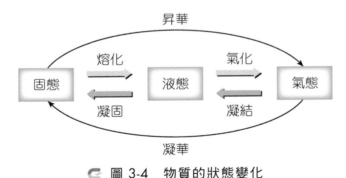

○ 圖 3-4　物質的狀態變化

範例 3-6

將 50 公克，0°C 的冰加熱變成 100°C 的水蒸氣，共吸收熱量多少卡？

解答 首先分析整個加熱過程：

(1) 0°C 的冰溶化成 0°C 的水，吸收熔化熱(H_1)；

(2) 0°C 的水加熱變成 100°C 的水，升溫的吸熱(H_2)；

(3) 100°C 的水沸騰成 100°C 的水蒸氣，吸收汽化熱(H_3)。

各階段吸熱的計算如下：

$H_1 = 50 \times 80 = 4,000$ (cal)，

$H_2 = 50 \times 1 \times (100-0) = 5,000$ (cal)，

$H_3 = 50 \times 539 = 26,950$ (cal)。

總吸收熱量為：$4,000 + 5,000 + 26,950 = 35,950$ (cal)。

有些物質在溫度上升過程中，並不依循固態－液態－氣態的順序作狀態改變，而是可以由固態直接變成氣態，這種過程稱為昇華。乾冰（二氧化碳的固態）、碘元素都是在受熱時直接從固態昇華變成氣態。

另外，液態物質也並不是只能在沸點時才能汽化成氣體。事實上，在任何溫度下，液態物質都可以變成氣態，這種過程稱為蒸發。因為蒸發只會發生在液體的表面，所以蒸發的快慢受到下列幾個因素的影響：溫度、液面表面積、濕度和風速。溫度越高、表面積大、濕度低和風速快，蒸發速率越快。

3-3　熱與生活

 一、熱的傳播

　　我們已經知道熱量會從高溫處傳到低溫處。問題是：熱量以什麼方式做這樣的傳播？熱量的傳播機制有傳導、對流和輻射三種（如圖 3-5 所示）。

（一）傳導

　　當你握住一根鐵棒的一端而另一端接觸某熱源，經過一段時間之後發現鐵棒越來越燙，甚至因而握不住。像這樣，熱源的熱量透過物體之間的直接接觸傳播的方式稱為傳導。從微觀來看，主要是因為物體分子在高溫時有較高的動能而作熱運動（振動），這種運動推擠到鄰近低溫分子也作相同的運動而提升溫度。因此，熱量透過這樣的方式從高溫處傳播到低溫處。整個過程，組成分子並不會離開原來的位置，如圖 3-6 所示。

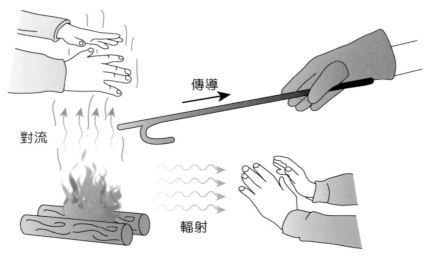

傳導

對流

輻射

　圖 3-5　傳熱的三種機制

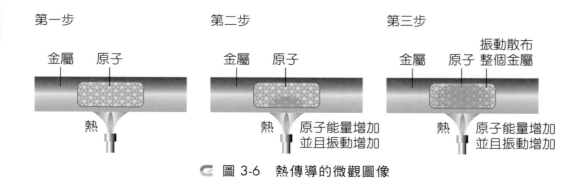

圖 3-6　熱傳導的微觀圖像

　　容易傳導熱量的物體為熱的良導體，像是金屬；不容易傳導熱量的物體則為熱的不良導體，像是木材、空氣等。在冬天，大家都有這樣的經驗：當我們用手分別觸摸木製家具和金屬製家具時會感覺到金屬製家具比木製家具冷，會有這個現象並不是金屬製家具的溫度較低。真正原因是因為手接觸屬於熱的良導體的金屬家具時，手中的熱量快速地被金屬傳導開來，造成感覺上金屬家具比較冷。

　　熱量傳導的快慢除了物體本身的性質以外，兩物體之間的溫度差距、截面積大小以及傳導距離也是重要的因素。當溫度差距越大、截面積越大、傳導距離越小時，傳導速率越快。

（二）對流

　　對流是流體從某一個區域流動到另一個區域而傳播熱量的另一個方式。絕大部分的流體（液體或氣體）都是熱的不良導體。夏天的時候開冷氣機，冬天的時候開暖爐，這些動作都會造成空氣的對流而將熱量從空間中傳出或是將熱量傳到整個空間中。體內血液的流動也是利用這種機制將部分熱量傳入或傳出某個組織。

　　流體因為高溫而體積變大（膨脹），密度相對變小，所以流體會往上升。相反地，低溫的流體體積變小（收縮），密度相對變大而往下降。因此，整個流體引發相對運動造成熱量可以在不同溫度的兩個區域傳播。圖 3-7 顯示水受熱後，因為熱對流而造成環流現象。我們將這類對流稱為自然對流。如果透過幫

🧲 圖 3-7　水受熱後，因為熱的對流關係形成環流

浦（泵）將流體從一個區域送到另一個區域而造成熱量的傳播，則這種對流稱為強迫對流。

　　對流是一個非常複雜的程序，不過透過實驗證據有下列的結果：

1. 對流產生的熱量傳播正比於表面積大小。這也是散熱器和風扇葉的面積要比較大的原因。

2. 流體的黏性會減緩自然對流，這會給出一層熱絕緣薄膜。強迫對流會減少這層薄膜的厚度，這就是所謂的風寒效應。雖然氣溫是相同的，在有風的時候，我們會覺得比在沒有風的時候更冷。例如，將手伸進超商冷凍櫃，感覺並不會非常的冷。然而，在寒流來襲的戶外被冷風一吹，感覺上竟然比把手放入冰櫃還冷！同樣是 4°C，但是因為強風的關係，所以造成風寒效應！

（三）輻射

　　傳導是固體的主要傳熱方式，對流則是流體的主要傳熱方式。不過，針對太陽與地球之間的太空狀態，太陽的熱量是如何傳播到地球的表面上呢？其實，熱也可以不必藉由任何介質而直接從熱源向外傳播，這種傳熱方式稱為輻射。當我們圍繞在營火或是壁爐周圍時，身體所感受到的熱不會是傳導或自然對流造成

🧲 圖 3-8　熱以輻射的方式從太陽傳向地球

的。因為空氣的傳導很差，而且自然對流只發生上下的熱量交換，所以這是因為熱輻射的關係。

熱輻射有以下幾項特性：

1. 熱輻射其實也是一種電磁輻射，所以熱輻射的速率與光速相同，遠比傳導和對流快得多。

2. 熱輻射遇障礙物會反射、透射或被吸收。

3. 白色、淺色、表面光滑的物體容易反射輻射熱；黑色、深色、表面粗糙的物體容易吸收也容易釋放輻射熱。

4. 所有的物體都會不斷地吸收與釋放輻射熱。物體溫度越高，釋放輻射熱的速率就越快。

 二、日常應用

我們介紹幾種日常生活上與熱有關的物品或機械。

（一）保溫杯

保溫杯運用阻絕熱傳原理達到保溫效果。圖 3-9 顯示一個保溫杯的構造。保溫杯杯身是一個雙層結構形成內外管構造，可以用來隔絕熱傳導的效應。將內外管中的空氣抽真空，就可以阻絕因空氣引起的熱對流與傳導。杯身的材料採用具有高強度及耐腐蝕和低熱傳導性的不鏽鋼材質，減少熱傳導造成的熱量轉移和損失率。但是，不鏽鋼具有高放射率，會因輻射而造

塞子
不易導熱的支架
真空
鍍銀

◎ 圖 3-9　保溫杯的構造

成熱能散失，所以在內管外層鍍銀。藉由鏡面反射作用，來降低輻射作用造成的熱量散失。

（二）冷暖氣機

冷氣機是利用蒸發器、冷媒、風扇進行熱交換，不斷吸收室內的熱量，以冷媒為媒介將熱排出室外，而使室內溫度降低，讓人感覺涼爽、舒適。暖氣機則是可以提高室內溫度，使人感到暖和，其工作原理、結構與冷氣機相同，兩者間之差異只在工作循環方向相反。冷、暖氣通常組合在同一台機器上，稱之為冷暖氣機。

圖 3-10 是冷氣機原理的示意圖。冷氣機分為冷媒循環系統和空氣循環系統。藉由兩個系統之間的搭配達到製冷的目的。在空氣循環系統裡，有讓風扇轉動的馬達、針對蒸發器的室內風車組合以及針對冷凝器的室外風車組合。而在冷媒循環系統裡，則分為四個主要元件：壓縮機、冷凝器、膨脹裝置以及蒸發器。四大元件的工作內容說明如下。

1. 壓縮機：將低壓低溫的氣態冷媒加壓變成高壓高溫的氣態冷媒。

2. 冷凝器：高壓高溫的氣態冷媒流進冷凝器，藉由冷凝器的鋁鰭片與室外風車組合帶動氣流做熱交換，使高壓高溫的氣態冷媒變成高壓中溫的液態冷媒，達到散熱目的。

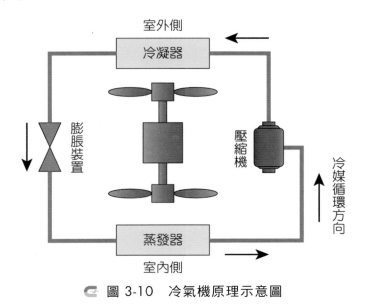

⊖ 圖 3-10　冷氣機原理示意圖

3. 膨脹裝置：膨脹裝置的阻流作用使高壓中溫的冷媒膨脹為低壓低溫的飽和狀態。

4. 蒸發器：飽和狀態的低壓低溫冷媒流進蒸發器，藉由蒸發器的鋁鰭片與室內風車組合帶動氣流做熱交換，使冷媒達到吸熱目的，並使冷媒回復到低壓低溫的氣體狀態。

　　如此周而復始以達到所謂的冷氣的運轉。

（三）隔熱膜

　　許多汽車玻璃都貼有可以隔熱隔光、單向透視、降低眩光、美化汽車，甚至防爆破等作用的隔熱膜。隔熱膜（其作用原理見圖 3-11）是由多層不用物質構成，主要分為 PET、金屬反射塗層、有機染色塗層、防割傷層及黏貼劑塗層。由於金屬反射塗層和有機染色塗層會氧化，導致變色和隔熱效果下降，所以也有改用陶瓷材料的。

　　隔熱膜會反射以及吸收太陽熱能，達到隔熱的效果。反射太陽熱能，多數以金屬為主，例如銀、鈦、鐵、鋁等，直接把能量反射出室外。反射雖然可以阻隔大部分的太陽熱能，同時也導致室內的反光。吸收太陽熱能，是以較深的顏色吸收熱能，並儲存於膜和玻璃中。大部分的隔熱膜也都能阻擋紫外線，可有效減少因紫外線照射所引起的室內家具褪色與龜裂。

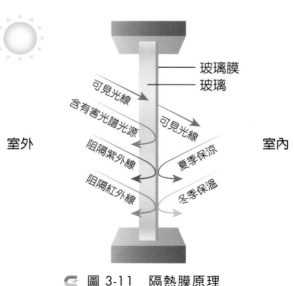

圖 3-11　隔熱膜原理

習題演練

二、是非題

( ) 1. 固體、液體、氣體都能作為溫度計的材料。

( ) 2. 溫度計，可以測量物質內部所含的熱量。

( ) 3. 耳溫槍，是利用紅外線輻射以測量體溫。

( ) 4. 物體放出熱量，溫度不一定下降。

( ) 5. 烈日下，沙灘比海水熱，這是因為沙灘的比熱比海水小。

二、選擇題

( ) 1. 當兩相互接觸的物體達到熱平衡後，是指這兩物體的何種物理性質變為相同？　(A)質量　(B)能量　(C)溫度　(D)密度。

( ) 2. 地球溫室效應的產生和下列哪一種氣體在大氣中的含量增加有關？(A)氧氣　(B)氮氣　(C)二氧化碳　(D)臭氧。

( ) 3. 比熱小的物體：　(A)增溫易、降溫易　(B)增溫難、降溫難　(C)增溫易、降溫難　(D)增溫難、降溫易。

( ) 4. 20°C 且質量相等的鉛、銀、鋁金屬固體，一起放入 100°C 水中，達成熱平衡後，三個金屬溫度高低為？　(A)鉛＞銀＞鋁　(B)鋁＞銀＞鉛　(C)銀＞鉛＞鋁　(D)鉛＝銀＝鋁。

( ) 5. 測量體溫時，人體把熱傳給體溫計的原因是下列哪一項？　(A)人體的質量較大　(B)人體含熱量較多　(C)人體的溫度較高　(D)人體的體積較大。

( ) 6. 下列有關溫度計的敘述，何者錯誤？　(A)利用物質質量的熱脹冷縮性質做溫度計　(B)固體、液體、氣體都是溫度計的材料　(C)常用體

溫計的材料是水銀或酒精　(D)液晶溫度計是利用液晶隨溫度升降而顏色改變的性質製作。

(　)　7. 在室溫下以一個穩定熱源，同時加熱質量相同的兩個物質，則：(A)體積小的物質，溫度上升較多　(B)比熱小的物質，溫度上升較多 (C)密度小的物質，溫度上升較多　(D)密度大的物質，溫度上升較多。

(　)　8. 將 50°C 的熱水 50 公斤放在 12°C 的庭院中，最後水會放出多少熱量？　(A) 1,900 卡　(B) 6,000 卡　(C) 1,900,000 卡　(D) 6,000,000 卡。

(　)　9. 下列性質中，何者是無法測量的？　(A)冷熱的變化　(B)熱量的多少 (C)熱量的變化　(D)溫度的高低。

(　)　10. 一個物體的熱含量為：　(A)將溫度升高 1°C 所需要的熱量　(B)改變物體的相而不改變其溫度所需要的熱量　(C)將 1 kg 的物體升高 1°C 一度所需要的熱量　(D)該物體的比熱水的比熱的比值。

(　)　11. 氣態變為液態這種物態變化稱為：　(A)蒸發　(B)沸騰　(C)凝華 (D)凝結。

(　)　12. 鐵軌接壞之處會預先留下空隙是因為：　(A)節省材料　(B)產生震動，以防止旅客睡過頭　(C)考量鐵軌遇熱膨脹　(D)以便火車轉彎。

(　)　13. 在冬天時，某些湖面會結冰，關於冰層下方水溫及密度的敘述何者正確？　(A)水溫降至 4°C 時密度最小，溫度再下降，密度越來越大 (B)水溫降至 4°C 時密度最大，溫度再下降，密度不變　(C)水溫降至 4°C 時密度最大，溫度再下降，密度越來越小　(D)水溫降至 4°C 時密度最小，溫度再下降，密度不變。

(　)　14. 下列何種現象與昇華無關？　(A)廁所、衣櫥內放的樟腦丸變小了 (B)乾冰放汽水中，使汽水冒出白煙　(C)舞台上乾冰產生的煙霧效果 (D)裝有冰塊的杯子，外壁有許多水滴。

( ) 15. 水於下列各種狀態的變化過程中，何者會放出熱量？ (A)山上的雪融化成水 (B)空氣中的霧變成水蒸氣 (C)水潑在地面上後蒸發成水蒸氣 (D)大氣中水氣凝結。

( ) 16. 同樣材質的傘，應該塗裝何種顏色的防曬效果最好？ (A)傘內塗銀色，傘外塗黑色 (B)傘內塗黑色，傘外塗銀色 (C)傘內、傘外皆塗黑色 (D)傘內、傘外皆塗銀色。

( ) 17. 有關蒸發與沸騰的敘述，下列何者正確？ (A)沸騰是液體表面的汽化，蒸發是液體內部急劇汽化 (B)蒸發必須在特定的溫度下進行，沸騰則在任何溫度下皆可進行 (C)蒸發過程需要吸熱，沸騰過程需要放熱 (D)兩者都是液體汽化的過程。

( ) 18. 右圖為銅、鋁雙金屬，遇冷時的彎曲情形（向鋁片方向彎曲），由下圖可知銅、鋁兩金屬的膨脹程度為何？ (A)銅＜鋁 (B)銅＞鋁 (C)銅＝鋁 (D)無法確定。

鋁片

銅片

冷卻

( ) 19. 一物體 $100°C$ 時體積為 $500 \ cm^3$，線膨脹係數為 $3×10^{-5}(°C)^{-1}$，則 $0°C$ 時的體積減少了多少 cm^3？ (A) 0.15 (B) 1.5 (C) 3 (D) 4.5。

( ) 20. 下列哪一種房屋，室內溫度最不容易隨著室外氣溫改變？ (A)鐵皮屋 (B)玻璃大廈 (C)水泥屋 (D)木屋。

三、計算題

1. 將下列華氏或攝氏溫度轉換成攝氏或華氏溫度：(1) $95°F$ (2) $-40°C$。

2. 30 克、$25°C$ 的水與 20 克、$60°C$ 的水混合，若最後溫度為 $35°C$，則散失的熱量為多少卡？

3. 已知鐵的比熱為 $0.113 \ cal/g°C$，則 100 公克的鐵從 $25°C$ 上升至 $125°C$ 需要吸收多少熱量？

4. 當一金屬棒溫度增加 50°C 時，其長度增長 0.25%，請問此金屬的線膨脹係數應為多少？

5. 200 公克，100°C 的水蒸氣變成 25°C 的水會放出多少熱量？

6. 在 10°C 時，每段鐵軌長 40 m 留有空隙；在 40°C 時，鐵軌間剛好無空隙，則原空隙為多少 cm？（鐵軌的線膨脹係數為 $1.1 \times 10^{-5} °C^{-1}$）

CH
04

Basic
Physics

聲　音

質點與波動是物理學的兩大觀念，質點是自己本身攜帶的能量由一處傳至另一處，而波動是一種質點的集體動作，並非物質，所以波動不具有質點的性質，波以介質為媒介傳播能量時，介質本身不隨波移動。水波、聲波、繩波等就是要靠介質才能傳播之波動，稱為機械波或力學波。而光波、無線電波與 γ 射線等皆不須靠介質傳播波動，稱為電磁波。本章將探討聲波的基本特性與應用。

4-1　波的現象

彈性物質某一部分受到擾動時，便以此擾動為中心，漸次引起鄰近介質 (medium) 作相同的擾動，由近而遠，逐漸傳至介質中其他部分，此種經由介質傳播的擾動稱為波動 (wave motion)，波動是在空間上傳播的一種物理現象。擾動的形式是任意的，如投石於靜止的水面，水面即以石子之落水點為中心，產生圓形波紋，並逐次向外推擴，亦即水面由一點的擾動而影響其他部分，形成圈圈漣漪，此種水圈即是波 (wave) 的一種。

波動的主要性質為：

1. 波以介質為媒介傳播能量，介質本身不隨波移動。

2. 空間某點只能為一質點所占據，但卻可同時容納數個波。

3. 波動具有獨立性、重疊、反射、折射、干涉、繞射等性質。

4. 彈性波在介質中的傳播速率只與介質的特性有關。

波動的分類：

 ### 一、若是以介質振動方向與波行進方向來分，則有：

1. 橫波（高低波）：介質振動方向與波行進方向垂直者稱為橫波 (transverse wave)，如光波、繩波。如圖 4-1。

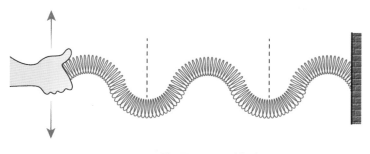

G 圖 4-1　橫波

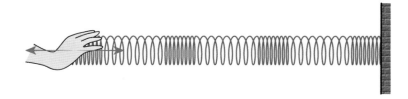

G 圖 4-2　縱波

2. 縱波（疏密波）：介質振動方向與波行進方向互相平行者稱為縱波 (longitudinal wave)，如聲波、彈簧波，如圖 4-2。

 二、如果以藉由介質傳播波動來分，則有：

1. 力學波：須靠各式介質來傳播之波動。如聲波、繩波與彈簧波等。

2. 電磁波：不一定須靠介質傳播之波動。如光波、無線電波等，電磁波是靠電場與磁場的交互變化而將波傳播出去的，如圖 4-3。

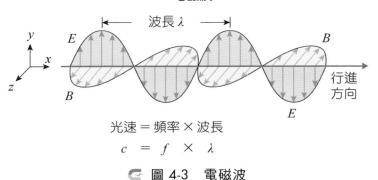

光速＝頻率×波長

$$c = f \times \lambda$$

G 圖 4-3　電磁波

　　連續週期性之橫波中之最高點，稱為波峰；最低點，稱為波谷。相鄰兩波峰（或相鄰兩波谷）間的距離稱為波長(wavelength)。波峰（或波谷）相對於介質靜止時的平衡位置的距離，稱振幅(amplitude)，如圖 4-4。

　　另外，在週期波中介質上下作一次完整振動所需的時間稱為週期(period)以 T 表示之，單位為秒。由圖 4-4 可知，當手執繩的一端上下振動一次則必產生一個波，若每秒鐘振動 n 次，必有 n 個波。每秒鐘的週波數稱為頻率(frequency)，通常以 f 表示，其單位為赫茲(hertz)，簡寫為 Hz。T 是 f 的倒數。設波長以希臘字母 λ 表示，v 表示波速，由於波速是每秒鐘波移動之距離，所以這些量之間的關係式為：

$$v = f \times \lambda \qquad\qquad\qquad (4\text{-}1)式$$

　　即波之傳播速度等於頻率與波長之乘積，由於頻率與週期互為倒數，(4-1) 式亦可以改寫為：

$$v = \frac{\lambda}{T} \qquad\qquad\qquad (4\text{-}2)式$$

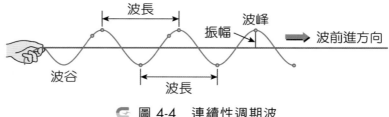

G 圖 4-4　連續性週期波

範例 4-1

有一週期性橫波其相臨兩波峰的距離為 10 公分，波速為 20 公分／秒，試問此波之頻率與週期為若干？

解答 由(4-1)式知：

頻率：$f = \dfrac{v}{\lambda} = \dfrac{20}{10} = 2$（赫）

週期：$T = \dfrac{1}{f} = \dfrac{1}{2} = 0.5$（秒）

範例 4-2

假如收聽 FM 廣播電台之頻率為 104.9 MHz，則此電磁波之波長為何？

解答 電磁波在空氣中之傳播速度為 3×10^8 公尺／秒

波長 $\lambda = v/f = 3 \times 10^8 / 104.9 \times 10^6 = 2.86$ (m)

4-2　聲音的發生與傳播

　　聲音產生的原因是由於物體發生振動而產生。例如，鼓面發出聲音時，米粒隨鼓面的振動而產生上下振動，另外以小槌敲擊音叉，如圖 4-5 音叉因為快速振動時，周圍空氣以相同頻率作疏密相間的振動（縱波）而發出嗡嗡的聲音，若用手掌握住振動的音叉，音叉停止振動，則音叉的嗡嗡聲就消失無蹤。

　圖 4-5　音叉快速振動發出聲音的原理

　　十七世紀時，英國的科學家波以耳(Robort Boyle, 1627~1691)將電鈴放入一個大玻璃罩中作實驗，如圖 4-6，他有下列的發現：

1. 玻璃罩內的電鈴通電時，小槌敲其內的鈴，鈴聲可以傳出。

2. 當玻璃罩中的空氣抽出成為真空時，罩內的鈴聲便無法傳出。

3. 當空氣再充入玻璃罩內，鈴聲又漸強。

　　這個實驗證明聲波為力學波必須有介質才能傳播，在真空中發聲體雖然保持振動，亦不能產生聲波。另外聲音只傳遞能量而不傳遞介質，因為密閉的玻璃罩中聲音可傳出，但空氣不可移動出來。

　　聲波可以在許多種不同的介質中傳播，包括氣體、液體、固體皆可傳聲。而我們耳朵所聽到的聲音，則是以空氣作為傳播介質的。因為我們接收聲波時，即在耳鼓處的空氣分子受到發聲體的影響，而以跟發聲體相同的頻率振動，使得該處的空氣分子產生疏密的變化，然後經中耳、內耳而將此變化傳至大腦，使我們感覺到聲音。一般人耳所感覺的聲波，其頻率約在 20~20,000 赫之間。其頻率高於上述範圍者，稱超音波(ultrasonic wave)，超音波在醫學與工程上用途甚廣。

　　聲波的傳播速率，因介質的不同而各異，在固體中聲速最大，液體次之，氣體再次之。即使介質相同，亦因介質溫度的不同而改變。不過一般而言，聲波在固體或液體中傳播時，其速率受溫度影響甚微，通常可忽略不計。表 4-1 為聲波在溫度 20°C 時在各種不同介質中的傳遞速度。

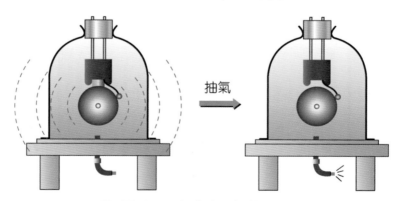

抽氣

圖 4-6　大玻璃罩的聲波實驗

💡 表 4-1　聲波在各種不同介質中的傳播速度

物質(20°C)	空氣	水	木材	鐵
傳播速率(m/s)	343	1,463	3,352	5,032

聲波在空氣中傳播的速度隨著溫度升高而增加。換言之，聲波在熱空氣中傳播之速度比冷空氣中快。由實驗得知，在 0°C 時，空氣傳聲的速率為 331.3 公尺／秒，溫度每升降 1°C，聲速約增減 0.6 公尺／秒。故在 t°C 時，聲波在空氣中的傳播速率為：

$$v = 331.3 + 0.6t \qquad\qquad (4\text{-}3)式$$

常用的聲速是取當溫度為 15°C 時，在空氣中傳播的速率的概略值，即 340 公尺／秒。

另外空氣中的濕度與風向也會影響聲波的傳遞速度，如濕度越大，聲速會越快；順風時聲速加快；逆風時聲速變慢。

在無風而溫度均勻的空氣中，聲音的傳播是以音源為中心，波前成球狀向四方直線進行。在白晝無風的晴天，地面受太陽照射溫度高於天空，則聲波傳播的速度，地面比天空快，此時音波之波前形狀，不再是球狀。同時又因聲波行進的方向恆垂直於波前，故聲音向上折射，如圖 4-7(a)，因此在地面上可聽聞的距離縮短了。無風的晴天晚上，地面散熱較快，致地面的溫度低於上空，沿地面傳播的聲波速度較慢，故向下曲折，如圖 4-7(b)，因而在地面上可聽聞的距離增大。

聲波碰到障礙物時會產生反射，反射回來的聲音便是回聲(echo)，講話時原聲與回聲二者至少須相隔 0.1 秒以上，耳朵才能辨別出來，假設在溫度 15°C 時室內長度要在 17 公尺以上，才能聽到回聲效果。這時陸續發生的原聲會和回聲相混，使得人聽起來覺得混雜不清，因此大禮堂或大廳中應設法避免回聲。

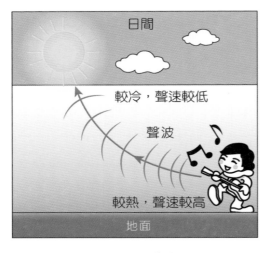

(a)晴而無風的白天

(b)晴而無風的夜晚

 圖 4-7　不同的氣溫使聲波產生折射的情形

　　然而回聲也有許多的應用，例如在室內講話時，因兩端牆壁甚為接近，而聲速又快，回聲和原聲重合，會使聲音加強，因此在室內講話比較響亮。另外，也可以利用回聲測定兩地的距離或海底的深度，如自船上的聲納發出的聲音，由海水傳至海底，再由海底反射回來。由發出原聲至收到回聲所需的時間，和海水傳聲的速度，便可以計算出海底的深度，如圖 4-8。

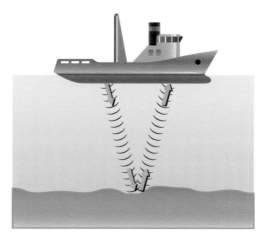

圖 4-8　船隻利用聲納探測海底的深度

範例 4-3

設聲波在海水中的速度為每秒 1,500 公尺，若自船上發出的聲波，經 0.5 秒鐘可收到回聲，則海底的深度為多少公尺？

解答　由距離＝速率×時間

距離＝ $1,500×(0.5/2)=375$（公尺）

　　在醫院中醫生會將一個頻率為 1~5 兆赫的超音波探測器，貼著孕婦的肚皮進行掃描，如圖 4-9。利用聲波到達各種身體組織的邊界時會有不同程度的反射，例如：液體及軟組織的邊界、軟組織及骨的邊界。接收器收到反射波便可計算出反射的強度及反射面的距離，以分辨不同的身體組織，並得到胎兒的影像，幫助醫生做各項診斷。

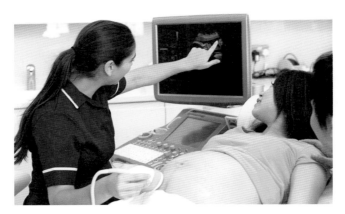

圖 4-9　以超音波觀察胎兒活動情形

4-3 樂音與噪音

聽覺指的是聲源振動引起空氣產生疏密波（聲波），通過外耳和中耳組成的傳音系統傳遞到內耳，與內耳的交互作用將聲波的機械能轉變為聽覺神經上的神經衝動，再傳送到大腦皮層聽覺中樞而產生聽覺。一般聲波的頻率和強度需要達到一特定值範圍才能引起聽覺。通常人類的聽覺能感受到的振動頻率範圍為 20~20,000 赫茲，隨著年齡的增長聽覺上限會不斷降低。

人耳對不同強度、不同頻率聲音的聽覺範圍稱為聲域(sound range)。在人耳的聲域範圍內，聲音聽覺的主觀感受主要有下列三項主要特徵：

一、響度(loudness)

又稱聲強或音量，它表示的是聲音能量的強弱程度，主要取決於聲波振幅的大小。分貝(decibel)是用來表示聲音強度的單位，記為 dB。人耳感受的聲波強度最小為 0 分貝，此為聽覺的底限，響度每增加 10 分貝，聲波的能量便相差 10 倍，增加 20 分貝，聲波的能量增加 100 倍，依此類推。響度是聽覺的基礎，正常人聽覺的強度範圍為 0~140 dB。若超出人耳的可聽頻率範圍的聲音，即使響度再大，人耳也聽不出來（即響度為零）。但在人耳的可聽頻域內，若聲音弱到一定程度，人耳同樣是聽不到的。然而當聲音增強到約達到 120 dB 以上時，則會使人耳感到疼痛的現象，一般環境音源的概略強度如表 4-2。

💡 表 4-2　一般環境音源的強度

聲源種類	強度(dB)
噴射飛機	140
刺耳上限	120
電鋸	110
舞會音響	100
柴油車	90
繁忙的道路旁	80
吸塵器	70

💡 表 4-2　一般環境音源的強度（續）

聲源種類	強度(dB)
正常講話	60
一般家庭中	50
安靜的圖書館	40
夜間安靜的臥室	30
專業錄音室的背景	20
遠處樹葉摩娑聲	10
聽覺底限	0

二、音調(pitch)

　　也稱音高(tone)，表示人耳對音調高低的主觀感受，客觀上音高大小主要取決於聲波基頻的高低，頻率高則音調高，反之則低，音調的單位一般用赫茲(Hz)表示。人耳對頻率的感覺同樣有一個從最低可聽頻率 20 Hz 到最高可聽頻率別 20 kHz 的範圍，20 Hz 以下稱為次聲波(infrasound)，20,000 Hz 以上稱為超聲波(ultrasonic wave)。人類聲帶頻率約 80~1,000 赫，一般男聲頻率約 95~142 赫，女聲頻率約 227~558 赫。所以兒童說話的音調比成人的高，女子聲音的音調比男子高。在小提琴的四根弦中，最細的弦音調最高，最粗的弦音調最低。在鍵盤樂器中，靠左邊的音調低，靠右邊的音調高。

三、音色(music quality)

　　又稱音品或聲音的特性，主要由發聲物體本身材料、結構決定。即使在同一音高和同一聲音強度的情況下，也能由音色的特性區分出是不同樂器或人聲發出的。樂器依據發聲方式的不同，分為管樂器、弦樂器、打擊樂器三類。音色的不同取決於不同的泛音，每一種樂器、不同的人以及所有能發聲的物體發出的聲音，除了一個基音外，還有許多不同頻率的泛音伴隨，正是這些泛音決定了其不同的音色，使人能辨別出是不同的樂器甚至不同的人發出的聲音，如圖 4-10 為各種樂器發出的特定波形。

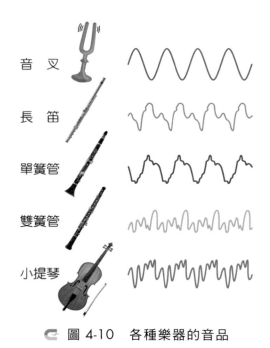

音　叉

長　笛

單簧管

雙簧管

小提琴

圖 4-10　各種樂器的音品

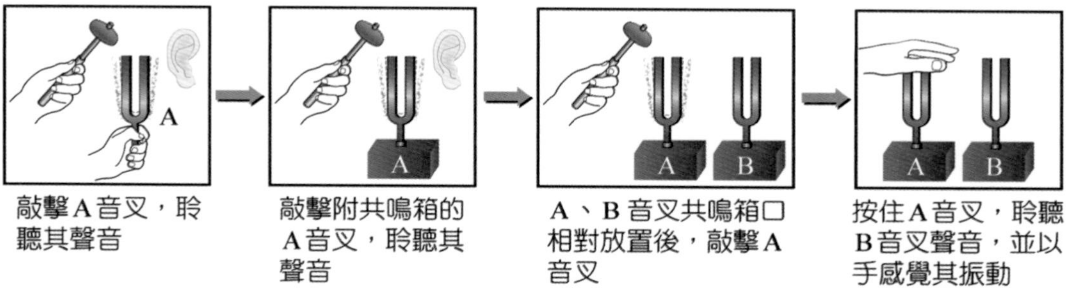

敲擊A音叉，聆聽其聲音

敲擊附共鳴箱的A音叉，聆聽其聲音

A、B音叉共鳴箱口相對放置後，敲擊A音叉

按住A音叉，聆聽B音叉聲音，並以手感覺其振動

圖 4-11　共振現象的實驗

　　兩物體有相同的發音的頻率，才能夠發生共振（共鳴）現象，例如可以將第一個物體發出的聲波，來引起第二個物體產生相同的振動，此現象稱為共振，如圖 4-11，此情形可以說明波動可傳遞頻率。一般可在樂器上加裝共振箱，用以增強聲音的響度，另外我們所聽到的聲音，是因為耳朵的鼓膜和發音體共振所致。因此若將耳朵靠近熱水瓶口，由於空氣振動的情形，可與瓶內的空氣柱引起共鳴，因此可以聽到嗡嗡聲。

　　振動起來是有規律的、單純的，並有準確的高度（也叫音高）的音，我們稱它為「樂音」（musical tone）。若是音源的振動即無規律又雜亂無章的音，我

們稱它為「噪音」(noise)，它會引起人們煩躁若是音量過強則會危害人體健康。噪音主要來自交通運輸、車輛鳴笛聲、工業噪音、建築施工和人的大聲說話等。

對於噪音的標準，每個人感受不同，若以數據來判定，通常音量在 50 分貝以下，人會感到舒適；在 50~70 分貝之間，則會引起些微的不舒服，音量在 70 分貝以上，就會讓人產生焦慮不安，引發各種症狀。人類說話的聲音差不多是 60 分貝；飛機起飛時的引擎聲，離約 100 m 處，約高達 140 dB；通常音量小於 50 分貝時，會讓人覺得舒適寧靜、注意力集中，並且心情愉快；處於 70 分貝的環境下，人就會覺得心情煩躁、神經緊張、無法專心，並會影響學習；若長期處在 85 dB 以上的噪音環境下，可能會使聽力受損及暫時性之重聽，如不好好使耳朵休息，會變成永久性之重聽與身體其他部位的傷害，如圖 4-12。

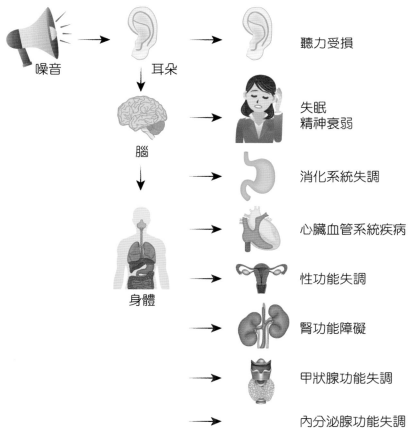

🄶 圖 4-12 長期在噪音環境下對人類的危害

噪音的防制有以下幾種方法：

1. 不製造噪音，不姑息噪音，把寧靜還給現代人。

2. 從自身做起，改善不良的生活習慣。

3. 居家及娛樂場所加裝隔音設備。

4. 政府法律規範及管制稽查。

5. 勞工每日暴露在噪音的工作環境中，不得超過 90 分貝 8 小時。

6. 高速公路兩旁建隔音牆或密植樹木。

7. 禮堂、演奏廳設計成不對稱的形狀。

8. 室內裝吸音板，門窗裝置隔音雙層玻璃。

一、選擇題

( ) 1. 當波在介質中傳遞時，下面敘述中哪一項不是波所傳遞的？ (A)波形 (B)質點 (C)擾動 (D)位能。

( ) 2. 下列幾種波動中，哪一種的產生方式與其他不同？ (A)伽瑪射線 (B)紫外線 (C)紅外線 (D)聲波。

( ) 3. 波動的振幅決定於該波的 (A)能量 (B)週期 (C)波長 (D)速率。

( ) 4. 在水中產生一頻率為 f，波長為 λ 的聲波。此聲波由水底傳到空氣中，則當聲波通過水面時 (A) f 與 λ 均維持不變 (B) f 與 λ 均增加 (C) f 與 λ 均減小 (D) f 不變，λ 減小。

( ) 5. 一理想彈簧 A 端固定，B 端產生週期波，頻率為 5 次／秒，入射波與反射波會合形成節點，測得相鄰兩節點之距離為 5 cm，則波速為 (A) 50 (B) 100 (C) 25 (D) 60 cm/s。

( ) 6. 某人在一固定點觀察到相鄰兩波峰通過他的時距為 0.2 秒，則此波的 (A)波長為 5 m (B)波速為 5 m/s (C)頻率為 5 Hz (D)振幅為 5 m。

( ) 7. 蝙蝠利用回聲測知牆壁等障礙物的距離，但我們卻聽不見蝙蝠所發出的聲音，這是因為 (A)響度太小 (B)頻率太高 (C)頻率太低 (D)波速太快。

( ) 8. 我們在電話中能聞其聲而辨其人，最主要原因是什麼不同所造成？ (A)音品 (B)音調 (C)響度 (D)基音。

( ) 9. 聲音傳播時，因為介質會吸收能量的緣故，下列何者會越來越小？ (A)波長 (B)波速 (C)振幅 (D)頻率

（　） 10. 樂器演奏中，能調節與控制的要素是　(A)響度與音調　(B)音調與音品　(C)響度與音品　(D)響度、音調與音品。

（　） 11. 關於聲音，下列何者錯誤？　(A)聲波振幅越大，響度越強　(B)聲波頻率越高，音調越高　(C)就通常頻率的聲波而言，同一介質中傳播，頻率越高者，波長越長　(D)溫度一定時，聲波傳播在不同介質中有不同的傳播速率。

（　） 12. 聲音通過下面哪一種物質時，其速度最快　(A)空氣　(B)酒精　(C)水　(D)鐵棒。

（　） 13. 三個人在操場上談話，小英說話又快又急，小強的聲音宏亮大聲，小美的聲音又尖又高。這些聲音在空氣中散播開來，何者傳得最快？　(A)小英的聲音傳得最快　(B)小強的聲音傳得最快　(C)小美的聲音傳得最快　(D)三人的聲音傳得一樣快。

（　） 14. 提琴、吉他等樂器的絃，都裝在木盒上，是為了哪一項因素，來增強聲音的強度？　(A)美觀　(B)使用方便　(C)產生共鳴　(D)產生反射。

（　） 15. 長時間處於超過多少分貝的音量環境，將對聽力造成傷害　(A) 40　(B) 50　(C) 60　(D) 85 分貝。

（　） 16. 下面哪一種波的傳播，不需要依賴介質？　(A)水波　(B)繩波　(C)光波　(D)聲波。

（　） 17. 將波動中之振動位置相同的點所連起來的線或面稱為：　(A)週期　(B)波峰　(C)振幅　(D)波前。

（　） 18. 有關聲音性質的敘述，下列何者錯誤？　(A)聲音的傳播不需要靠介質　(B)聲波在行進中可以反射或折射　(C)聲音是一種能量傳播的現象　(D)聲音在空氣中傳播為一種縱波。

（　） 19. 波的重疊原理，指兩波相會時：　(A)波長相加　(B)位移相加　(C)波速相加　(D)頻率相加。

( ) 20. 某彈簧繩上一週期波通過時，其質點在 5 秒內振動 20 次，若波長為 5 cm，則波速為多少 cm/s？ (A) 2.5 (B) 5 (C) 20 (D) 40。

二、計算題

1. 頻率為 242 赫的音叉，在室溫 25°C 時產生的聲波之波速與波長為何？

2. 假設回聲與原聲之間隔需要在 0.1 秒以上才能察覺，若在氣溫 30 度的環境，人與障礙物相距多遠才能聽到回聲？

3. 假如小英在戶外看到閃電後，經過 3 秒後接著聽到雷聲，若當時氣溫為 25 度，則閃電處距離小英多遠？

4. 弦線上駐波相鄰節點的距離為 65 cm，若弦的振幅頻率為 2.3×10^2 Hz，問波的波長和傳播速率分別為何？

CH 05

Basic Physics

光

　　本章介紹光的性質以及幾何光學的基本原理，包括光的反射定理、折射定理、全反射、色散日常生活看到的光學應用、凸面鏡與凹透鏡的成像及的應用等，關於面鏡與透鏡的成像理論與作圖，還有光通量的概念與稜鏡色散現象我們在本章的各個單元也會逐一介紹。

5-1　光的本質

　　荷蘭物理學家惠更斯(Christian Huygens, 1629~1695)於 1678 年正式提出「波動說」，主張光線是一種特殊的波動，「光波」這個概念才算是真正出現。光的波動理論，說明光的反射與折射定律。後經英國科學家楊氏(Thomas Young, 1773~1829)的雙狹縫實驗顯示，當光穿過狹縫時，可以觀察到一個干涉圖案，與水波的干涉行為十分相似。並且，通過這些圖案可以計算出光的波長因此證明了光確實是波動的。與惠更斯同時期的英國物理學家牛頓(Isaac Newton, 1642~1726)做了許多光學實驗，得到的結果卻使他傾向「微粒說」，他認為光線是由許多會發光的小顆粒所組成是一束直線運動，此粒子速率極快且質量極小。一個多世紀以來光的波動性與粒子性的爭論從未平息。

　　1864 年英國物理與數學家馬克士威(J. C. Maxwell, 1831~1879)發表電磁波理論，他更斷言光是一種電磁波。另外，23 年後赫茲(Heinrich Hertz, 1857~1894)在實驗室中證實了馬克威爾的預測造出了無線電波，開啟了廿世紀這個無線電時代。

　　1905 年，猶太裔理論物理學家愛因斯坦(Albert Einstein, 1879~1955)提出了光電效應(photoelectric effect)的光量子解釋，即以光子(photon)說明當光照射至導體表面時，光束中的光子將其能量轉給電子而生的效應。人們開始意識到光波同時具有波和粒子的雙重性質。這個光到底是波動或是粒子的困擾，終於在二十世紀初由量子力學的建立所解決，即所謂「波粒二象性」(wave-particle duality)，即對於光的傳播進行可用波動來說明，至於光與物質之間的吸收和輻射則可以粒子來說明。

　　最早提出測量光速的是義大利物理學家伽利略(Galileo Galilei, 1564~1642)，他以燈號方法探測，但因光速太快，而無結果。後來還有用天體測量以及陸續許多科學家在實驗室設計了不同裝置來測量光速。

　　近代測量光速的方法，是先準確的測量一束光的頻率 f 和波長 λ，然後再用 c = fλ 來計算。1973 年以來，採用的光速值為 c = 2997924581.2 ≈ 3×10^8 m。光在真空中的速度 c 最大，在其他介質的速率都比 c 還小，如表 5-1 所列的速率。而且光介質中的速率，也因不同的波長而有所不同。

　　打雷時都是先看到閃電，然後才傳來隆隆雷聲，另外，慶典施放煙火，當我們在遠處欣賞時，常會發現煙火在高空中先炸散開來，然後才聽到煙火爆炸的聲音，這些現象表示光在空氣中傳播的速率要比聲音在空氣中傳播的速率快很多。

　　當光在傳播過程中，若遇到不透明的物體，就無法繼續前進而在該物體的背後形成陰影，而且陰影的形狀通常與物體的輪廓一樣，如圖 5-1，這表示光是直線前進的，所以我們常常又將光稱為「光線」。

💡 表 5-1　波長 589nm 的光在不同介質的速率

介質	速率(10^8 m/s)
真空	2.99792
空氣	2.9970
水	2.25
光學玻璃	1.97
火石玻璃	1.81
鑽石	1.24

🔾 圖 5-1　手的影子

5-2 光的反射與面鏡成像

　　光由一透明介質射入另一性質不同之透明介質的介面時，若另一介質為非透明體則會有反射(reflection)現象。當入射線抵達被照物體表面之點稱為入射點；反射的光線稱為反射線，垂直於被照體表面的直線稱為法線。我們稱入射線與法線所夾之角稱為入射角，而反射線與法線間的夾角稱為反射角。由實驗得知，任一光線自一光滑平面反射時，如圖 5-2 所示，必須遵守下列的反射定律。即：

> 入射線、法線、反射線必在同一平面上。
>
> 入射角等於反射角，$\angle i = \angle r$。

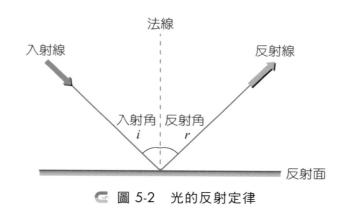

　　　　　　　　法線
　入射線　　　　　　　　　　　反射線

　　　　　　入射角　反射角
　　　　　　　i　　r
　　　　　　　　　　　　　　　反射面

圖 5-2　光的反射定律

一、平面鏡成像

　　平面鏡是指表面平滑光亮，光線經由此表面反射時，反射光行進的方向仍很規則，我們可以很清楚的見到物體所形成的像，即統稱為平面鏡(mirror)。例如：表面平直的鏡，常見有銅鏡、平靜的湖面與平常使用的鏡子等，如圖 5-3。

　　平面鏡的成像原理需遵守反射定律，即物體所發出（或反射）的光，經平面鏡反射後進入人的眼中；感覺上彷彿在鏡後有一相同的物體，我們稱為像(image)，平面鏡的成像的特性：

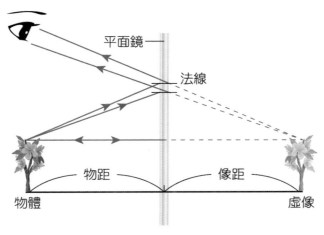

圖 5-3　平面鏡的成像

1. 物體到鏡子的距離等於像到鏡子的距離。

2. 物體與像的大小相等。

3. 所形成的像為正立虛像、但是和物體左右相反。

　　所以想從鏡中看見自己全身的像，鏡子長（高）度至少身高的一半，而且要墊高至眼睛高度的一半。

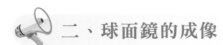

二、球面鏡的成像

　　以球面的一部分為反射面者，稱為球面鏡(spherical mirror)。球面鏡又可分為二種，以球面的內緣部分為反射面者，稱為凹面鏡(concave mirror)，如圖 5-4(a)，以球面的外緣部分為反射面者，稱為凸面鏡(convex mirror)，如圖 5-4(b)。

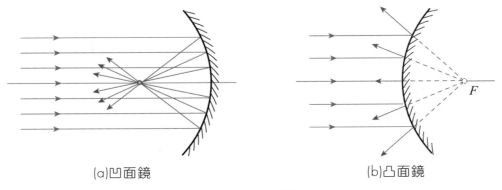

(a)凹面鏡　　　　　　　　　(b)凸面鏡

圖 5-4　球面鏡

　　凹面鏡會會聚光線，光線會聚成的一點稱為焦點。此外，如果將光源置於凹面鏡的焦點上，所發出的光線會平行射出。凹面鏡成像的特性：

1. 物若在凹面鏡焦點外，則形成倒立的實像，影像和物體上下顛倒。

2. 物若在凹面鏡焦點內，則形成正立的虛像，影像和物體左右相反。

3. 以平行光射向凹面鏡，光線反射後會聚在凹面鏡的焦點上。

4. 將光源放在其焦點上，光線經過反射後會形成平行光線射向遠方。

　　凹面鏡的應用有化妝鏡、手電筒、探照燈等。圖 5-5(a)為不同物距在凹面鏡前成像情形。

　　凸面鏡會發散光線，不管物置於凸面鏡前任何位置，其產生的像皆為正立縮小之虛像。因此，凸面鏡成像的特性：

1. 物體會在凸面鏡後形成正立的虛像，影像和物體左右相反。

2. 視野較廣，影像較小，即像高會小於物高。

　　凸面鏡的應用如轉彎道路旁的凸面鏡與汽機車的照後鏡等。圖 5-5(b)為路口轉角處的面鏡。

(a)　　　　　　　　　　　　　　　(b)

◎ 圖 5-5　(a)凹面鏡的成像情形；(b)凸面鏡的成像情形

5-3 光的折射

　　當光線從一種介質進入另一種介質時，光線的前進方向會改變，這種現象稱為光的折射(refraction)。折射的產生是由於光在不同媒介中傳播速度不同，如圖 5-6 所示，為一光束由空氣射入水中，其進行方向改變，另一部分光產生反射。圖中入射於水面之光線為入射光，進入水中後改變進行方向的光線，稱為折射光。入射線與垂直於界面的法線之間的夾角，稱為入射角∠i；折射線與法線間的夾角，稱為折射角∠r。

　　當光線從光疏介質進入光密介質時，例如從空氣進入或玻璃裡，光線會偏向法線，這時折射角會小於入射角。反之，當光線從光密介質進入光疏介質時，例如從水中進入空氣，光線便會偏離法線，這時折射角會大於入射角。

　　光線偏折的程度由光線通過甚麼介質所決定，如果已知入射光線的方向，便可根據折射定律(laws of refraction)來確定折射光線的方向，當光線從一種介質進入另一種介質時，由實驗得知光的折射定律如下：

1. 入射光線、折射光線與法線都在同一平面上。

2. 入射角正弦與折射角正弦的比為常數，即：

$$\frac{\sin i}{\sin r} = 常數 \qquad\qquad (5\text{-}1)式$$

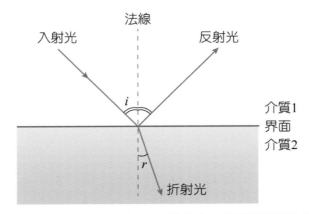

　　🔄 圖 5-6　在不同介質交界處之反射與折射情形

上式關係即為司乃耳定律(Snell's Law)，式中∠i 為入射角，∠r 為折射角，常數又稱為介質 2 對於介質 1 的折射率。

設在真空中的光速為 c，光在物質中之傳播速度為 v，我們將 c / v，稱為該物質之絕對折射率，簡稱折射率(refractive index)，以 n 表之，即 n = c / v，是純數值且大於 1。兩介質的絕對折射率之比，稱為該二介質的相對折射率。如 n_{21}，表示第二介質對第一介質的相對折射率，若第一介質之絕對折射率為 n_1，第二介質為 n_2，則 $n_{21} = n_2 / n_1$，將此代入(5-1)，可得：

$$\frac{\sin i}{\sin r} = n_{21} = \frac{n_2}{n_1}$$

或　　$n_1 \sin i = n_2 \sin r$ 　　　　　　　　　　　　　　　　　　(5-2)式

因 $n_1 = c / v_1$，$n_2 = c / v_2$，所以 $n_{21} = v_1 / v_2$，又傳遞之頻率不變，故 $n_{21} = \lambda_1 / \lambda_2$，$n_{21} = v_1 / v_2 = \lambda_1 / \lambda_2$。

$$\therefore \frac{\sin i}{\sin r} = \frac{v_1}{v_2} = \frac{\lambda_1}{\lambda_2}$$ 　　　　　　　　　　　(5-3)式

由於光在空氣中的傳播速率與在真空中者非常接近，所以任何物質的絕對折射率，可以視為該物質相對於空氣的折射率。

表 5-2 列一些常見介質的折射率。介質的折射率越大，光線在介質中偏折的程度便會越大。

💡 表 5-2　常見介質的折射率

介質	折射率(n)
真空	1.00
空氣	1.0003
水	1.33
糖溶液(30%)	1.38
有機玻璃	1.50
含鉛玻璃	1.58
鑽石	2.42

當光線通過平行板玻璃塊時，無論是進入還是離開玻璃塊，都會發生折射。圖 5-7 是光線通過平行板玻璃塊的情形。AB 面與 CD 面平行，因而∠b=∠c。從折射率與入射角和折射角的關係，可得∠a=∠d。這表示出射線與入射線平行，光線的方向沒有改變，僅僅產生了橫向位移(displacement)。

當光由密的介質進入疏的介質時($n_1 > n_2$)，即 $n_{21} > 1$，故折射角∠r 會大於入射角∠i。當入射角∠i 增加至某種情況時，折射線便沿著界面進行，即折射角∠r 為 90 度，此時之入射角∠i 稱為臨界角(critical angle, θ_c)。如圖 5-8 所示，若入射角大於臨界角，則光線不生折射，而全部反射回原介質內，這種現象稱為內部全反射(total internal reflection)。

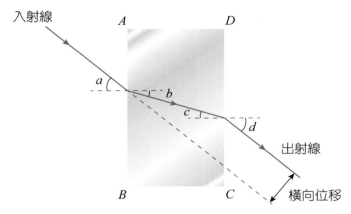

入射線

A　　　　　D

a

b

c

d

出射線

B　　　　　C

橫向位移

圖 5-7　光線通過平行板玻璃塊產生了橫向位移

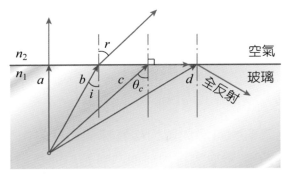

n_2　空氣

n_1　玻璃

r

a　b　c　θ_c　d　全反射

i

圖 5-8　光由密的介質進入疏的介質時臨界角 θ_c 及內部全反射

構成全反射產生必須具有下述條件：

1. 光線從光密介質進入光疏介質。

2. 入射角大於臨界角 θ_c。

　　全反射的應用之一是將光線限制在一透明管內沿著管來傳播。這種管稱為光管(light pipe)，有時亦可將光線用一束細微的透明纖維來傳播即光纖(optical fibres)。若向彎曲的光纖的一端發射光射，如果光線的入射角大於臨界角，光經過一系列的全反射後會從另一端射出。利用這光纖，可以觀看遠處或某些物體的內部，甚至於用來通訊，如圖 5-9。

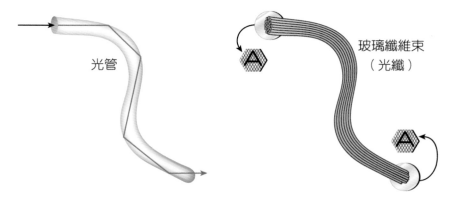

圖 5-9　利用全反射現象可將光線限制在光纖中傳播

5-4　透鏡的成像

一、透鏡的形式與光學特性

　　用玻璃、石英等透明物質磨成兩面均為球面形狀的光學元件，稱為「球面透鏡」(spherical lens)，透鏡型式有兩種即凸透鏡與凹透鏡，凸透鏡是中間較邊緣厚的透鏡，有會聚光線的作用，又稱為會聚透鏡，分成雙凸、平凸、凹凸三種凸透鏡，如圖 5-10(a)。凹透鏡是中間較邊緣薄的透鏡，有發散光線的作用，又稱為發散透鏡，分成雙凹、平凹、凸凹三種凸透鏡，如圖 5-10(b)。

雙凸　　平凸　　凹凸　　　　　　雙凹　　平凹　　凸凹

(a)　　　　　　　　　　　　　　　　(b)

◯ 圖 5-10　透鏡型式：(a)凸透鏡；(b)凹透鏡

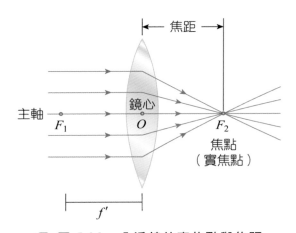

◯ 圖 5-11　凸透鏡的實焦點與焦距

　　平行光自凸透鏡左方平行入射，經折射後就變成收斂之光線，這些光線會收斂於一點，此點稱為像側（第二）焦點 F_2，如圖 5-11，鏡片中心至像側（第二）焦點的距離，稱為像側焦距，$f' > 0$。

　　平行光自凹透鏡左方平行入射，經折射後就變成之發散光線，這些光線會向外發散，此發散的光線再反方向延伸所交會的點稱為凹透鏡的像側（第二）焦點 F_2，如圖 5-12。

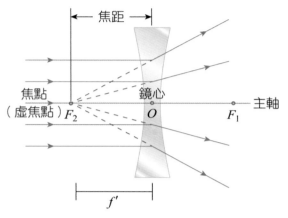

圖 5-12　凹透鏡的虛焦點與焦距

 二、凸透鏡成像作圖法

　　點光源發出的光線很多，但其中有三條特殊光線經透鏡後傳播方向是已知的即當發光點不在主光軸時，這三條光線分別是：

1. 與主光軸平行的光線，經過透鏡後通過像側焦點。

2. 通過物側焦點的光線，經過透鏡後與主光軸平行。

3. 通過透鏡光心的光線，經透鏡後方向不變。

　　實際作圖時應用這三條光線中的任意兩條，就可以求出發光點 A 的像點 A′。物體上每一點的像合起來，就是物體的像。作圖時，通常只要作出物體上兩個端點的像就行了，如圖 5-13。

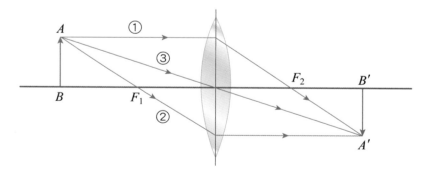

圖 5-13　凸透鏡成像作圖法

凸透鏡的物像關係：

1. 物體從無窮遠逐漸接近凸透鏡的焦點時，在異側的實像，也逐漸遠離透鏡且像漸大。

2. 物體焦點向內逐漸接近凸透鏡時，在同側的虛像 也逐漸接近透鏡且像漸小，恆比實物大。

 三、凹透鏡成像作圖法

物體經凹透鏡成像時，也有三條已知傳播方向的光線，當發光點不在主光軸時，這三條光線分別是：

1. 跟主光軸平行的光線，經過凹透鏡後，折射光線的反向延長線通過像側焦點。

2. 入射光線的延長線通過後物側焦點的光線，經過凹透鏡後，折射光線跟主光軸平行。

3. 通過光心的光線，經凹透鏡後方向不變。

實際作圖的步驟同凸透鏡，凹透鏡所成的像，用作圖法求得像時，從物體的一個端點 A 發出的三條光線，通過凹透鏡後，進一步發散它們的反向延長。

線交於一點 A′。A′就是點 A 的像，B′是點 B 的像。顯然，凹透鏡只能成正立且縮小的虛像，如圖 5-14。

凹透鏡的物像關係：物體從無窮遠逐漸接近凹透鏡時，虛像會從同側虛焦點開始靠近透鏡，且像漸大但恆比實物小。

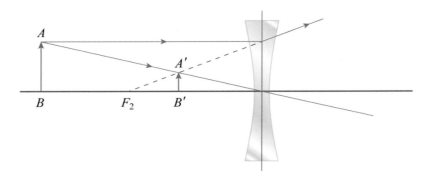

◎ 圖 5-14 凹透鏡成像作圖法

我們將凸透鏡與凹透鏡的成像性質整理如表 5-3。

表 5-3　透鏡的成像性質

性質	物的位置	像的位置	正立或倒立	大小	實像或虛像
凸透鏡	無窮遠處	焦點上	─	一點	實像
	二倍焦距外	鏡後焦距與二倍焦距之間	倒立	較小	實像
	二倍焦距上	鏡後二倍焦距上	倒立	相等	實像
	焦距與二倍焦距之間	鏡後與二倍焦距外	倒立	較大	實像
	焦點上	無窮遠處	─	─	─
	焦點內	鏡前	正立	較大	虛像
凹透鏡	無窮遠處	鏡前焦點上	─	─	虛像
	鏡前任一處	鏡前焦點內	正立	較小	虛像

5-5　色散現象

　　光是一種電磁波，人眼可以產生視覺感受的電磁波波長範圍約 380 奈米至 740 奈米，它被稱為可見光(visible light)。假如我們將一個光源各個波長的強度列在一起，我們就可以獲得這個光源的光譜，如表 5-4 所列的可見光的光譜，一個物體的光譜決定這個物體的光學特性，包括它的顏色。

表 5-4　可見光的光譜

顏色	波長(nm)	頻率(10^{12}　Hz)
紅色	約 625~740	約 480~405
橙色	約 590~625	約 510~480
黃色	約 565~590	約 530~510
綠色	約 500~565	約 600~530
藍色	約 485~500	約 620~600
靛色	約 440~485	約 680~620
紫色	約 380~440	約 790~680

　　牛頓發現太陽光經三稜鏡折射後，分散成紅、橙、黃、綠、藍、 靛、紫七種色光，此現象稱為光的「色散」(dispersion)。如圖 5-15，太陽光經三稜鏡折射後之所以會產生色散，是因為各色光在三稜鏡中的速率不一樣所引起的，如紫光的速率最慢所以偏折角度最大。

　　一般透明物體所呈現的顏色，由其選擇吸收後剩下「穿透」過去的色光而定，不透明物體所呈現的顏色，由其選擇吸收後剩下「反射」過去的色光而定。光的三原色為紅、綠、藍三種顏色，將三原色的光以不同的亮度混合，即可呈現不同的顏色。

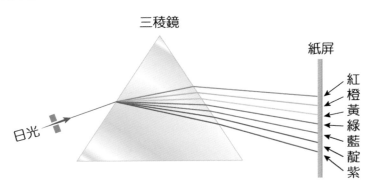

圖 5-15　太陽光經三稜鏡產生的色散現象

基礎物理
Basic Physics

　　電腦或彩色電視機的螢幕，雖然只有產生紅、綠、藍三種螢光小點，卻可以讓我們看到繽紛的彩色世界。因為它所顯示的各種顏色，就是利用調整螢光幕上許多光的三原色發光體，它們之間亮度的比例，所以才能呈現出的繽紛的彩色畫面。

　　雨後的天空出現的彩虹是陽光經過水滴產生兩次折射與一次反射造成的現象，如圖 5-16(a)；而霓則是經過兩次折射與兩次反射所造成的，如圖 5-16(b)。通常虹與霓呈同心圓弧形，從地面到虹頂的視角約是 42 度，而從地面到霓頂的視角約是 50 度，所以看起來霓會在虹的外圈，而且虹由外向內的色彩順序是紅到紫，而霓則是紫到紅，一般霓的顏色比較淡，要仔細看才分辨得出來。

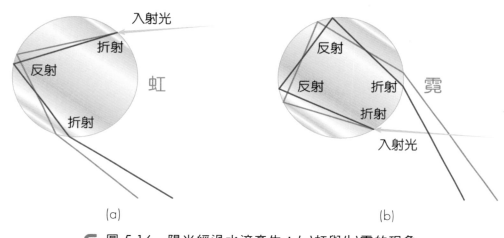

圖 5-16　陽光經過水滴產生：(a)虹與(b)霓的現象

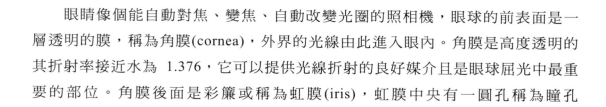

5-6　眼　睛

　　眼睛像個能自動對焦、變焦、自動改變光圈的照相機，眼球的前表面是一層透明的膜，稱為角膜(cornea)，外界的光線由此進入眼內。角膜是高度透明的其折射率接近水為 1.376，它可以提供光線折射的良好媒介且是眼球屈光中最重要的部位。角膜後面是彩簾或稱為虹膜(iris)，虹膜中央有一圓孔稱為瞳孔(pupil)，瞳孔大小通過肌肉收縮而改變，以調節進入眼內的光能量，瞳孔具有光

欄的作用。虹膜之後是眼珠或稱水晶體(lens)，它是透明而富有彈性的組織，形如雙凸透鏡，其表面的曲率半徑隨睫狀肌的縮張而變化，可以發揮調焦的功能，如照相機之鏡頭。在角膜、虹膜與水晶體之間充滿透明液體房水(aqueous humor)。水晶體與視網膜之間充滿了另一透明液體玻璃體。眼球的內層稱為視網膜(retina)，其上布滿了視覺神經，是光線成像的地方，如照相機之底片功能。視網膜正對瞳孔處的小塊黃色區域稱為黃斑(macula)，黃斑中央的凹陷稱為中央凹(fovea)，對光線最敏感。眼睛各部位之構造與位置如圖 5-17 所示。

由物體發出之光線，經由角膜折射後通過前房由瞳孔進入眼內，經水晶體折射後，恰於視網膜處成一倒立實像；視網膜上的視神經受刺激，傳至大腦而產生視覺作用。一般正常的眼睛，能清晰持久看見的物距稱之為明視距離。明視的範圍其兩端點稱為眼之遠點(far point)與近點(near point)。正常眼睛之遠點在無窮遠，近點距離由水晶體所能發揮之調焦的能力而定，一般年紀越大者水晶體調焦的能力越差故近點距離離眼前越遠，即出現老花眼現象。

正常的眼睛，物體經眼球折光系統所產生的實像，恰好位於視網膜之上。但是有些人的眼睛，眼球角膜曲率過大或是眼球軸長較長，對於遠處的物體所成的實像，卻在視網膜之前，以致於看不清遠方的事物，此種缺陷叫做近視眼(myopia)；可戴凹透鏡製成的眼鏡矯正，如圖 5-18(a)所示。

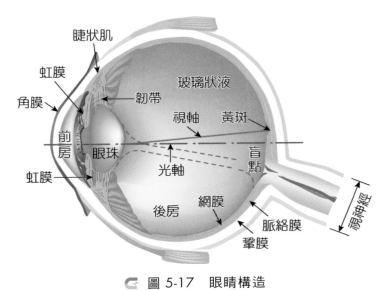

　圖 5-17　眼睛構造

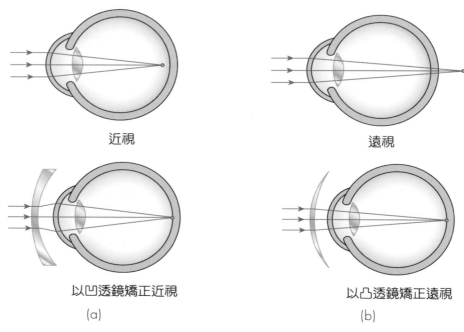

近視　　　　　　　　　　　　　　　遠視

以凹透鏡矯正近視　　　　　　　　　以凸透鏡矯正遠視

(a)　　　　　　　　　　　　　　　　(b)

◆ 圖 5-18　　(a)近視眼的矯正；(b)遠視眼的矯正

　　另外還有一種，由於眼球角膜曲率太小或是眼球軸長較短，以至成像在視網膜之後，此種缺陷叫做遠視眼(hyperopia)；可戴凸透鏡製成的眼鏡矯正，如圖5-18(b)所示。

(　　) 1. 光通常以何種方式傳播？ (A)直線前進 (B)拋物線前進 (C)弧線前進 (D)螺線前進。

(　　) 2. 光在空氣中的速度為： (A) 30 萬公里／秒 (B) 20 萬英哩／秒 (C) 3×10^{10} 公分／秒 (D) 3×10^8 公尺／秒。以上何者為非？

(　　) 3. 萬花筒中可以看到五彩繽紛的圖案，是利用物理學中光的： (A)反射 (B)折射 (C)干涉 (D)繞射。

(　　) 4. 注水入盆，盆底看來好像： (A)降低 (B)升高 (C)照舊 (D)不一定。

(　　) 5. 汽車的兩側都裝有照後鏡。這個反射面鏡使得其他車子的影像變得比較小並且有較大的視野。所以它是： (A)凸面鏡 (B)凹面鏡 (C)平面鏡 (D)柱面鏡。

(　　) 6. 位於凹面鏡焦點和曲率中心之間的物體，形成影像為： (A)正立實像 (B)正立虛像 (C)倒立實像 (D)倒立虛像。

(　　) 7. 光線由光密介質進入光疏介質，若入射角大於臨界角，則產生： (A)折射 (B)散射 (C)漫射 (D)全反射現象。

(　　) 8. 光由光疏介質進入光密介質時則折射線會： (A)偏離 (B)偏向 (C)垂直 (D)平行法線。

(　　) 9. 下列敘述的各種物理現象中，哪一種不能以幾何光學的理論來解釋？ (A)針孔成像 (B)烈日下的樹影 (C)肥皂泡的五顏六色 (D)面鏡成像。

(　　) 10. 牛頓利用下列何種透鏡來證明陽光是由多種不同顏色的光混合而成？　(A)平面鏡　(B)凸透鏡　(C)凹透鏡　(D)三稜鏡。

(　　) 11. 光線垂直照在一塊平面鏡上。如果入射光線的方向不變，要使反射線和入射線的夾角成 30°，則應該將平面鏡旋轉幾度？　(A) 0°　(B) 15°　(C) 30°　(D) 60°。

(　　) 12. 醫院常用何種光線來殺菌消毒？　(A)紅光　(B)紅外線　(C)紫光　(D)紫外線。

(　　) 13. 近視眼需配帶何種鏡片校正？理由為何？　(A)凹透鏡，因為它能發散光線　(B)凹透鏡，因為它能會聚光線　(C)凸透鏡，因為它能發散光線　(D)凸透鏡，因為它能會聚光線。

(　　) 14. 光在某介質中的行進速度為 1.5×10^8 m/s，則此介質的絕對折射率 n 為：　(A) 1　(B) 2　(C) 1/2　(D) 1/3。

(　　) 15. 凸透鏡在空氣中不能產生：　(A)放大的實像　(B)放大的虛像　(C)縮小的實像　(D)縮小的虛像。

(　　) 16. 在水中同一深處排列五種色球。由水面上方鉛直俯視下去，覺得置於最淺處者為：　(A)綠　(B)紫　(C)藍　(D)黃。

(　　) 17. 色散產生的原因是，光由甲介質進入乙介質時：　(A)其相對折射率為光波波長的函數　(B)其速率的比值不變　(C)光的頻率發生變化　(D)其波長與頻率的比值不變。

(　　) 18. 首先提出光的本質是許多微小粒子的是下列哪一位科學家？　(A)楊氏　(B)克卜勒　(C)牛頓　(D)愛因斯坦。

(　　) 19. 耳鼻喉醫師看診時常使用一面配戴於額頭上的圓鏡，稱為「額鏡」。醫師檢查時將額鏡置於眼前，並將燈光經由鏡面反射聚焦在檢查部位，再經由額鏡中央的小洞進行檢查。則額鏡應該屬於下列哪一種？　(A)平面鏡　(B)凹透鏡　(C)凸面鏡　(D)凹面鏡。

( ) 20. 眼球與照相機的構造極為相似,其中眼球的水晶體、瞳孔、視網膜等構造,相對於照相機的構造分別是: (A)光圈、凸透鏡、底片 (B)凸透鏡、光圈、底片 (C)底片、光圈、凸透鏡 (D)光圈、底片、凸透鏡。

二、計算題

1. 已知光在空氣中傳播速率為 3×10^8 m/s,若光線從太陽傳到地球需 500 秒,則太陽與地球的平均距離為多少?

2. 折射率為 1.5 的玻璃薄透鏡的度數為+5D,若將其浸入折射率為 1.33 的水中,則度數變為多少?

3. 光線由空氣中入射於某介質,入射角為 60°,折射角為 45°,請問該介質的折射率為多少?

4. 光線在折射率為 1.6 的介質中之速率為多少?

5. 有一綠光的波長為 500 nm,求其在真空中傳播的速率及頻率?

CH
06

Basic
Physics

電與磁

　　靜電學是研究「靜止電荷」的性質及規律的一門學科，靜電是指電荷在靜止時的狀態，而空間中靜止電荷所建立的電場稱為「靜電場」，當靜止的電荷動起來或是由一個地方流至另一個地方，即產生所謂的「電流」現象，另外在通電流的長直導線周圍，會有磁場產生。本章我們將電荷的產生到電位與電流的關係以及在人類生活中，處處可遇到磁場，發電機、電動機、變壓器、電報、電話、收音機等各種電磁現象。

6-1　靜　電

　　人們對電荷的認識是從摩擦起電現象開始的。此種摩擦起電的現象，遠在西曆紀元前 600 年，古希臘人即知琥珀與羊毛摩擦後，能吸引輕物。當時便將此種現象稱為琥珀(electron)，而成為今日電子(electron)的字源。現在假如我們將絲巾摩擦過的兩琥珀棒，其一用絲線懸成水平，另一持之接近，則見二棒互相斥開，如圖 6-1(a)；若改用絲巾摩擦過的玻璃棒接近，則發現兩棒互相吸引，如圖 6-1(b)。此為電荷造成的相斥或吸引力，即為靜電力(electrostatic force)。

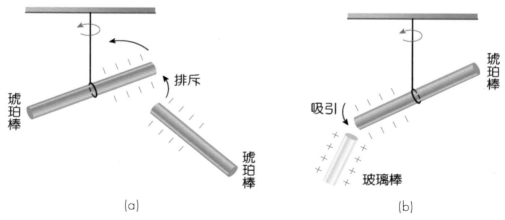

(a)　　　　　　　　　　　　　　　(b)

　　圖 6-1　(a)同性電荷會互相排斥；(b)異性電荷會互相吸引

　　由上述之現象，可以判知玻璃棒或琥珀棒，經摩擦後帶有電荷，且兩棒之間有力的作用產生。由於施力方向的不同，可以看出玻璃棒與琥珀棒上所帶之電荷，其電性是不同的。十八世紀科學家富蘭克林(Benjamin Franklin, 1706~1790)，他將用絲綢摩擦過的玻璃棒上所帶的電荷命名為「正電」，而將用毛皮摩擦過的琥珀棒上所帶的電命名為「負電」，此項名稱一直沿用至今。我們可以把上述的實驗結果歸納為，電荷有兩種，一為正電，一為負電，相同的電荷會互相排斥，相異的電荷會互相吸引。

　　為什麼物質經過摩擦後會帶電呢？電的本性經科學家們不斷地研究，直至近代原子物理學及電子學說的建立，方有正確的定論。根據近代物理學的描述，所有物質皆由分子組成，而分子則由總數為 100 多種的各種原子分別組合而成。每個原子均有一個原子核(nucleus)和一群圍繞在原子核四周的電子(electron)，原子核內又包含有質子(proton)、中子(neutron)。質子和中子的質量相近，電子的質量約為它們的 1,840 分之 1。質子帶正電，而中子和那些次原子質點則不帶電，所以原子核是帶正電的，其電量由質子的數目來決定。圍繞在原子核四周的電子則是帶負電的，同時電子的數目和質子的數目恰好相等，原子序(atomic number)就是依此數目訂定的。因為每個原子裡面必須含有等數量的電子和質子，所以都呈電中性。因此，原子的電性是由它所包含的質子數和電子數決定的，而質量則是由它所包含的質子數和中子數決定的。原子的結構如圖 6-2 所示，電子在其橢圓形軌道上運轉。

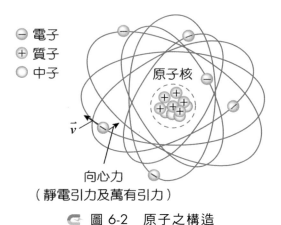

⊖ 電子
⊕ 質子
◯ 中子

原子核

$\vec{v}$

向心力
（靜電引力及萬有引力）

🔗 圖 6-2　原子之構造

　　由於電子離開原子核很遠，特別是最外層的電子，受原子核引力作用很小，容易離去。當一個中性的原子得到一個或多個電子時，其對外所表現的電特性就具有負電的性質。相反地，原子若失去一個或多個電子，則對外會表現出帶正電的性質。物質經外力摩擦而帶電的現象，就是物質表面的原子，其最外層軌道的電子經摩擦而游離後，傳到另一物質上的結果，這些容易被游離的電子為「價電子」(valence electron)，而游離後的電子稱為「自由電子」(free electron)。

　　因此，一個電中性的物體特別是「絕緣體」可以經由「摩擦起電」使微量的電子由一物體轉移到另一物體上，而使兩物體均帶電的方法。如圖 6-3，毛皮與塑膠尺相互摩擦，結果毛皮失去電子帶正電，塑膠尺獲得電子帶負電。

　　當一帶電體靠近金屬導體時，導體靠近帶電體的一端感應出異性電，遠端感應出同性電，這種暫時電荷分離的現象，稱為「靜電感應」，如圖 6-4。

　　利用靜電感應原理，使導體內正、負電荷分離，再使導體帶電的方法，稱為「感應起電」。導體利用感應起電的方式，所帶的電性與帶電體的電性相反，如圖 6-5。

🔘 圖 6-3　毛皮與塑膠尺相互摩擦使兩物體均帶電的方法稱為摩擦起電

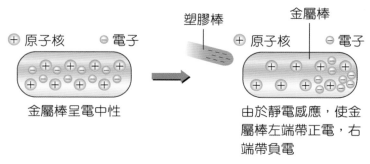

🔘 圖 6-4　導體的靜電感應的現象

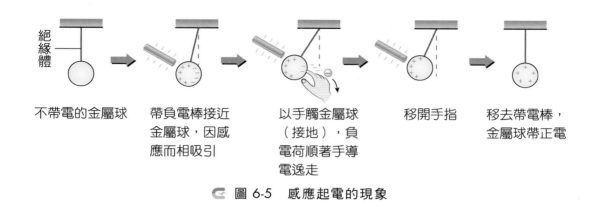

絕緣體

不帶電的金屬球　　帶負電棒接近　　以手觸金屬球　　移開手指　　移去帶電棒，
　　　　　　　　　金屬球，因感　　（接地），負　　　　　　　　金屬球帶正電
　　　　　　　　　應而相吸引　　　電荷順著手導
　　　　　　　　　　　　　　　　　電逸走

▣ 圖 6-5　感應起電的現象

　　物體所帶過剩電荷的總量稱為電荷量(electric charge)，簡稱電荷或電量。由上面關於物質電結構的討論可知，任何物體所帶電量，不是電子電量的整數倍，就是質子電量的整數倍。若用 e 表示質子所帶電量，電子的電量則為–e，物體所帶總電量可以表示為：

$$q = ne$$ (6-1)式

　　上式中 n 是正的或負的整數，e 就是電量的基本單元。電量只能取分立的、不連續數值的性質，稱為電量的量子化。在國際單位制中，電量的單位是庫侖(coulomb)。根據實驗所測得的電荷最小自然單位為一個電子的電量約 -1.6×10^{-19} 庫侖。因質子與電子的電量相等，但電性相反，故一個質子的電量為 $+1.6 \times 10^{-19}$ 庫侖，而 1 庫侖的電量約為 6.25×10^{18} 個電子或質子所帶的總電量。

　　日常生活中常見的靜電現象如下：

1. 撕開免洗筷的塑膠套時，塑膠套會吸附在手上。

2. 將衣服從烘乾機取出時，會產生霹靂啪啦的聲音。

3. 迅速撕開保鮮膜時，保鮮膜容易沾黏在手上。

4. 切割保麗龍時，保麗龍碎屑容易黏著在身上。

5. 將橡皮氣球在衣服上摩擦，容易將頭髮吸起來，圖 6-6。

圖 6-6　生活中的靜電現象

　　下雨時雨滴因受上升氣流的「摩擦」，使雨滴帶電，成為帶電雲層。當帶電的雲層接近地面時，對地面發生「靜電感應」的現象，並且也使附近不帶電的雲層，也不斷地受到感應而帶電，因此雲層和雲層間，或雲層和地面間，充滿電荷相互吸引的現象。這時帶正電的雲層和帶負電的雲層距離太近時會產生「中和」現象，此時正負電相吸，並且放出大量光和熱，使熾熱的空氣迅速膨脹，發生閃電和雷聲，如圖 6-7(a)。

　　一般建築物所產生的感應電荷可經由「避雷針」的尖端逐漸釋放出去，以減少閃電的發生，因此，即使發生雷擊則此一強大的電流也可以順著避雷針的導線導入地底，不會對建築物產生損害，如圖 6-7(b)。

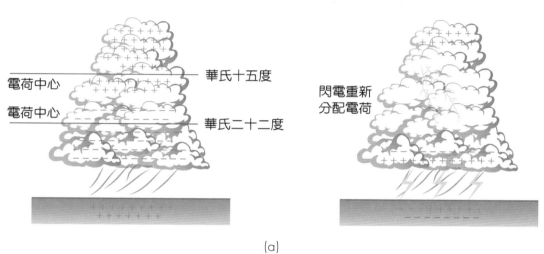

(a)

(b)

◢ 圖 6-7　(a)閃電形成的原因；(b)避雷針原理

6-2 庫侖定律

　　法國物理學家庫侖(Charles A. de Coulomb, 1736~1806)於 1785 年發現:「當兩帶電體的大小均甚小於兩帶電間之距離時,兩帶電體間的作用力,與兩帶電體所帶電量的乘積成正比,與其距離的平方成反比」,如圖 6-8。上述的關係我們稱之為「庫侖定律」(Coulomb's law),關於兩電荷之間的作用力又可稱為「靜電力」(electrostatic force)或「庫侖力」。

　　若令作用力為 F,所帶電量分別為 q_1、q_2,距離為 r,則其關係式如下:

(6-2)式

$$F = K\frac{q_1 q_2}{r^2}$$

　　上式中之 K 為一比例常數,其值乃由另一個稱為電容率(permittivity)的常數來表示,即:

(6-3)式

$$K = \frac{1}{4\pi\varepsilon_0} \approx 9 \times 10^9 \, N \cdot m^2 \cdot C^{-2}$$

　　其中 $\varepsilon_0 = 8.854187818 \times 10^{-12} C^2 \cdot N^{-1} \cdot m^{-2}$,稱為真空中的電容率(vacuum permittivity)。

$\overleftarrow{F}$ (+) R (+) $\overrightarrow{F}$

$\overleftarrow{4F}$ (+ +) R (+ +) $\overrightarrow{4F}$

$\overleftarrow{F}$ (+ +) 2R (+ +) $\overrightarrow{F}$

◉ 圖 6-8　兩帶電體之電量越多則作用力越大,距離越遠作用力越小

　　(6-2)式在 SI 單位制中作用力 F 與距離 r 的單位，分別使用牛頓與公尺；如用 CGS 制作用力 F 與距離 r 的單位，則分別使用達因與公分；基本上力是向量，具有大小與方向，根據實驗可知兩點電荷之間的庫倫力，係沿著兩點電荷的連線方向上，電荷的正負常以正負符號區別，當兩電荷為同性時，F 為正號，表示兩者間的作用力為斥力而方向相背；反之，當兩電荷為異性時，F 為負號，表示兩者間作用力為引力而方向相向。

範例 6-1

假設每個電荷的電量為 1.6×10^{-19} 庫侖，則 1 莫耳的 CO_3^{2-} 和 Na^+ 分別帶幾庫侖的電量？

解答
(1) CO_3^{2-} 的電量 $= 2 \times 1.6 \times 10^{-19} \times 6 \times 10^{23} = 1.92 \times 10^5$ 庫侖

(2) Na^+ 電量 $= 1.6 \times 10^{-19} \times 6 \times 10^{23} = 9.6 \times 10^4$ 庫侖

範例 6-2

在真空中有兩小球，其球心相距 1 公分，其一帶 2 μC 的正電荷，另一帶 5 μC 的負電荷，試求該兩小球體間互相作用的力？

解答　由(6-2)式知

兩小球間所受的靜電作用力大小為：

$$F = K \frac{q_1 q_2}{r^2} = 9 \times 10^9 \times \frac{(2 \times 10^{-6}) \times (-5 \times 10^{-6})}{0.01^2}$$

$$= -9.0 \times 10^2 \text{（牛頓）負號表示此力為吸引力。}$$

範例 6-3

兩個點電荷的電量分別為 $q_1 = 6$ 庫侖，$q_2 = -2$ 庫侖，兩者相距 2 公尺時，受靜電力大小為 F，今將兩點電荷接觸再分開，置於原來位置，則所受的靜電力大小為何？

解答 兩帶電體接觸再分開，則電量為平均值，因此新電量：

$Q = [6 + (-2)] / 2 = 2$ 庫侖

靜電力 $F_1 : F_2 = 9 \times 10^9 \times \dfrac{6 \times (-2)}{2^2} : 9 \times 10^9 \times \dfrac{2 \times 2}{2^2} = 1 : -\dfrac{1}{3} = F : -\dfrac{1}{3}F$

所以所受的靜電力為 $-\dfrac{1}{3}F$。

6-3 電 流

　　在導體中存在大量可以自由運動的帶電粒子，帶電粒子的定向運動就形成電流(current)，提供電流的帶電粒子就稱為載流子(charge carrier)。在金屬導體中載流子是自由電子(free electron)，在電解液導體中載流子是正、負離子(ion)，在電離的氣體中載流子是正、負離子和電子，如圖 6-9。

　　在一般的導體中，在沒有電場作用時載流子只作熱運動，不形成電流。若導體兩端維持一定的電位差（即電壓），則導體內之自由電荷受到電場之作用

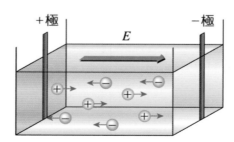

☞ 圖 6-9　電解液導體中載流子的正、負離子

力，就會產生移動現象，如圖 6-10。自由電荷之移動，便成為電流(current)以 I 表示之。

正電荷移動的方向是由高電位移向低電位，習慣上是以此方向作為電流方向。事實上，在金屬導體中帶正電的原子核是不會移動的，能自由移動者皆為負電荷，負電荷是由低電位移向高電位，恰好相反為區別起見，稱之為電子流(electron flow)，圖 6-11。

當流經電路上某處電流之大小及方向均保持不變時，此種電流稱為穩定電流(steady current)。有電流通過的導線，稱為載流導線。在穩定載流導線中，設於 t 時間內通過某處橫截面之電量為 q，則該電路上的電流強度 I 為：

$$(6-4)式$$

$$I = \frac{q}{t}$$

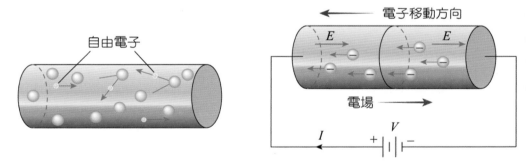

🔗 圖 6-10　導體兩端加上電位差其內部之自由電荷受到電場作用產生的移動現象

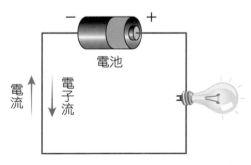

🔗 圖 6-11　電流與電子流方向

由上式可知，電流強度可以由電量的單位與時間的單位來決定的。如「庫侖／秒」、「基本電荷／秒」等。國際單位制中電流強度的單位為安培（ampere，以 A 表示），因此每秒通過 1 庫侖的電量的電流強度稱為 1 安培，即 1 安培＝1 庫侖／秒，由於 1 庫侖＝$6.25×10^{18}$ 基本電荷，故 1 安培＝$6.25×10^{18}$ 基本電荷／秒。

範例 6-4

在 3 分鐘內通過某導線截面的總基本電荷數量為 $4.5×10^{21}$ 個，則此通過此導線的電流為多少安培？

解答 由(6-4)式知：

$Q=4.5×10^{21}×1.6×10^{-19}＝720$ 庫侖

電流 $I＝\dfrac{Q}{t}＝\dfrac{720}{3×60}＝4$ 安培

範例 6-5

如下圖，兩正負電極置於電解液中，若電路中測出的電流量為 1.6 安培，請問每分鐘有多少個電子通過電池的正極呢？

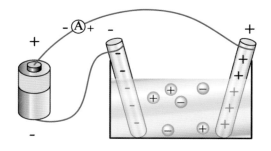

解答 $Q=I×t=1.6×60=96$ 庫侖

$n＝\dfrac{Q}{e}＝\dfrac{96}{1.6×10^{-19}}＝6×10^{20}$ 個

　　電流的測量儀器為「安培計」或稱為「電流計」，其符號為：—Ⓐ—，並以安培為單位。測量直流電路的電流時，安培計需要和電路串聯，同時安培計的「＋」端應接在電池的正極上，而「－」端應接在電池的負極上，因此安培計的電流量就等於該電路電流，圖 6-12。

　　測量電流時應先用讀數大的電流插頭，以防止電流太大而燒毀安培計。另外，電流計不能直接和電池相接。安培計量得的電流與原電路中的電流比較：

1. 安培計本身亦有電阻，因此串聯安培計後量得的電流，較未裝置安培計時的電流較小。

2. 安裝安培計時，安培計的電阻需越小越好，如此才能較接近裝置安培計前的電流。

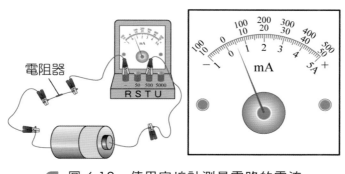

電阻器

Ｇ 圖 6-12　使用安培計測量電路的電流

6-4　電阻與歐姆定律

　　當導體內之自由電荷受電場作用而移動時，會與導體中之晶格(crystal lattice)碰撞，使導體產生熱能，此種碰撞現象對電荷移動而言是一種阻力，此阻力稱之為電阻（resistance，以 R 表之），如圖 6-13。

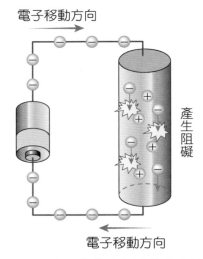

電子移動方向

產生阻礙

電子移動方向

🔁 圖 6-13　電子移動時與導體中之晶格碰撞

　　綜合上述之電流與電阻的觀念，可以清楚地了解導體內之電荷，不斷地受電場作用力時，若在自由空間，必然加速前進，越走越快，亦即電流隨之繼續增大。事實上並非如此，電荷移動時受導體內電阻之限制，循著某些規則而變化。首先對這個規則著手研究者是德國科學家歐姆(Georg Simon Ohm, 1787~1854)，他在 1827 年提出其有名的歐姆定律(Ohm's law)，即「在一定的溫度下，對金屬導體而言，兩點間的電位差 V 與電流 I 的比值是定值（即常數）」；此常數為導體之電阻 R ，SI 單位為歐姆(Ω)。

　　上述的關係可以公式表示如下：

$$R = \frac{V}{I}$$

(6-5)式

或　　$V = IR$ ，$I = V / R$

　　電阻的單位由電流與電位差的單位來決定，當一電路兩端的電位差為 1 伏特，而流過電路的電流強度為 1 安培時，則稱此時此電路的電阻為 1 歐姆（ohm，符號 Ω）；即：

　　1 歐姆＝1 伏特／安培($1 \Omega = 1$ V/A)

　　歐姆除了提出上述的歐姆定律外，並且提出一導體的電阻與其長短、粗細的關係。即均勻導線之電阻與導體之電阻率(resistivity, ρ)及長度(L)乘積成正比，而與其橫截面面積(A)成反比。其公式為：

$$R = \rho \frac{L}{A}$$

(6-6)式

　　上式中之比例常數 ρ 值的大小，則由組成導體的物質本身的性質而定。

　　表 6-1 為數種常見物質與人體組織的電阻率。

💡 表 6-1　常見物質與人體組織之電阻率(20℃)

種類	物質	電阻率(Ω-m)	種類	物質	電阻率(Ω-m)
導　體	銀	1.59×10^{-8}	絕緣體	木頭	$10^8 \sim 10^{14}$
	銅	1.69×10^{-8}		玻璃	$10^{10} \sim 10^{14}$
	金	2.44×10^{-8}		石英	5×10^{16}
	鋁	2.82×10^{-8}	人體組織	0.9 NaCl	50×10^{-2}
	鎢	5.33×10^{-8}		全血	$160 \sim 230 \times 10^{-2}$
半導體	碳	3.5×10^{-5}		肌肉	$470 \sim 711 \times 10^{-2}$
	鍺	0.45		脂肪	$1,808 \sim 2,205 \times 10^{-2}$
	矽	640		純水	3×10^5

範例 6-6

有一器兩端加上 12 伏特的電壓，若測出通過電組器的電流為 1.5 毫安(mA)，試求此電阻器的電阻大小？

解答　由(6-5)式知：

$$R = \frac{V}{I} = \frac{12}{1.5 \times 10^{-3}} = 4 \times 10^3 = 4 \quad (k\Omega)$$

範例 6-7

有一電阻線其電阻為 5.0 Ω，直徑為 $6.0×10^{-4}$ m，電阻率為 $1.0×10^{-6}$ Ω-m，則該電阻線之長度為多少？

解答 由(6-6)式知：

$$R = \rho \frac{L}{A}$$

$$L = \frac{R \times A}{\rho} = \frac{5 \times \pi \times (3 \times 10^{-4})^2}{1.0 \times 10^{-6}} = 1.413\,(m)$$

6-5 電流熱效應

　　要維持電流在電路中不停的流動，則必須在電路中維持一固定之電位差。一般把維持電位差之裝置叫做電源，例如電池、發電機…等。在電場內任二點之電位差，是單位正電荷由一點移至另一點所做的功（或所需的功）。若令此兩點之電位差為 V（伏特），將 q（庫侖）在此兩點間以等速移動時所做之功為 W（焦耳），則：

$$W = qV \tag{6-7式}$$

又因 q（庫侖）= I（安培）× t（秒）：

即 $W = V \times I \times t$ (6-8)式

　　由於電源維持一定的電位差，才能使電荷由一處陸續流至另一處，故這些電荷所完成之功，完全是由電源提供的。換句話說，就是電源在不斷的供給電能，電流才得以不停的流動。

　　由(6-8)式我們可以得知，電源若是要維持某兩點間的電位差為 V（伏特），使得產生 I（安培）的電流，則在時間 t（秒）內，它所釋放出來的電能，完全轉化為功 W（焦耳）= V（伏特）× I（安培）× t（秒）。

當電源釋放出電能而作功時，其釋放電能的快慢，也是一件我們關心的問題，通常把它稱為電功率(power consumption)，通常以 P 來代表電功率，則 P 可寫成：

$$P = \frac{W}{t}$$

(6-9)式

如果把 W = VIt 代入上式，則得：

$$P = \frac{V \times I \times t}{t} = V \times I = I^2R = \frac{V^2}{R}$$

(6-10)式

電功率的單位為瓦特(watt)＝焦耳／秒，即電源在 1 秒內做 1 焦耳的功，稱此電源的電功率為 1 瓦特。通常在計算電源所做的功時，由於焦耳的單位太小，使用不便，因此常以仟瓦小時作為電能或電功的單位。所謂仟瓦小時，即是電功率為 1 仟瓦的電源使用 1 小時，所消耗的電能或所做的功稱為仟瓦小時(kilowatt-hour)。電功率 1 仟瓦小時，即等於一般所稱的 1 度電。

即 1 仟瓦小時

$= 10^3$ 瓦小時

$= 10^3$（焦耳／秒）×3,600 秒

$= 3.6 \times 10^6$ 焦耳

電流係電子的流動，當電流流經電阻時，由於電子與導體中之晶格相碰撞的結果，而產生「熱」，此熱能是由電能變換而來，這種現象稱為「電流熱效應」(heating effect of current)。

西元 1841 年英國物理學家焦耳(Joule)利用量熱器，將電流流經電阻所生熱量作精密之測定，發現電流通過恆定的電阻時，所生之熱量(H)係與電流(I)之平方及導體之電阻(R)及其經歷之時間(t)成正比。此即焦耳定律(Joule' law)，以公式表示：

$$H = KI^2Rt$$

(6-11)式

式中 K 為一比例常數，其值隨採用之單位而定。如 H 之單位採用焦耳，則 K = 1；採用卡時，K = 0.24。上述的焦耳定律，其實就是能量守恆定律，說明電能與熱能的交換關係。

因電能慣用的單位為焦耳(J)，而熱量之慣用單位為卡(cal)，在轉換時須注意下列單位的換算：

> 1 焦耳(J) = 0.24 卡(cal)；1 卡(cal) = 4.2 焦耳(J)

範例 6-8

若有 5 安培之電流流經一100 歐姆的電阻，則消耗在電阻上的電功率為何？

解答 由(6-10)式知：

電功率 $P = I^2R = 5^2 \times 100 = 2,500$（瓦）

範例 6-9

有一電阻為 10 歐姆的電熱水瓶，連接在 110 伏特的電源上，問 5 分鐘後產生多少卡的熱量？

解答 由(6-11)式知：

$$H = 0.24 \times I^2 \times R \times t = 0.24 \times \frac{V^2}{R} \times t$$

$$H = 0.24 \times \frac{110^2}{10} \times (5 \times 60) = 87,120 \text{ 卡}$$

範例 6-10

功率為 800W 的電鍋，每天使用 2 小時，1 個月（以 30 天計）的耗電量是幾度？

解答 用電量 $= 800\text{W} \times 2\text{hr} \times 30$ 天

$= 48,000$ 瓦小時

$= 48$ 度

6-6 電流的磁效應

西元 1819 年丹麥物理學家厄司特(Hans Christian Oersted, 1777~1851)發現：任何通有電流的導線，都可以在其周圍產生磁場的現象，如圖 6-14。此種現象稱為電流的磁效應(magnetic effect of current)，簡稱電磁效應。

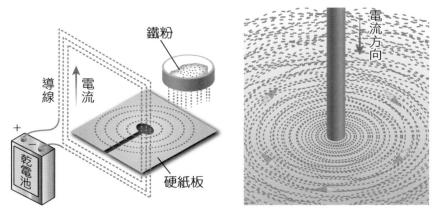

圖 6-14　電流的磁效應實驗

　　例如，在通電流的長直導線周圍，會有磁場產生，其磁力線的形狀為以導線為圓心一封閉的同心圓，且磁場的方向與電流的方向互相垂直。此通有電流的長直導線周圍所建立的磁場強弱，和導線上的電流大小成正比，和導線間的距離成反比。此一現象為安培(Ampere)提出了一個法則，如圖 6-15：「以右手握住導線，大姆指指向為電流的方向，其餘四指彎曲所指的方向代表導線周圍磁場的方向」，我們將此法則稱為安培右手定則(Ampere's right-hand rule)。

　　由圖 6-14 知長直導線所產生的磁場 B 方向是繞導線，呈同心圓分布，假設距離帶 I 電流的長直導線 r 遠處的圓形封閉曲線，該電流所建立的磁場 B（單位：特斯拉、T）可以表示如下：

$$B = \frac{\mu_0 I}{2\pi r}$$

(6-12)式

　　上式中 μ_0 稱為「真空中的導磁率」(absolute permeability)，在 SI 單位中 $\mu_0 = 4\pi \times 10^{-7}$（特斯拉－公尺／安培）。

　　由上式之長直導線所產生的磁場 B 大小與導線內的電流強度 I 成正比，而與距離 r 成反比。

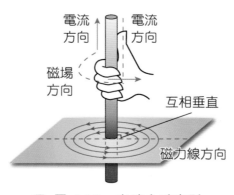

圖 6-15　安培右手定則

範例 6-11

如右圖所示，一長直導線若通以 10 安培之電流，間距導線 2 公分處之磁場大小為何？

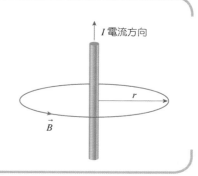

解答 由公式(6-12)得：

$$B = \frac{\mu_0 I}{2\pi r} = \frac{4\pi \times 10^{-7} \times 10}{2\pi \times 0.02} = 10^{-4}（特斯拉）$$

若將一導線沿一定軸繞成多匝的管狀螺旋，若它的直徑比圓柱高度小時，此一線圈稱為螺線管(solenoid)。螺線管可視為若干單匝圓線圈按序銜接而成。當通以電流後，管內發生的磁場將會更強，其所形成的磁場與條形磁鐵之磁場類似。至於螺線管內磁力線的方向與電流方向的關係，可以用安培右手定則表示：「以右手握螺線管，令拇指伸直，以彎曲的四指為導線中電流的方向，拇指所指的管端即為管內磁場的方向」。因此管的兩端猶如條形磁鐵之兩極，如圖 6-16 所示。

根據安培右手定則可以導出管內均勻磁場的大小，其磁場 B 與導線中的電流 I、螺線管總長度 L 及總線圈匝數 N 的關係如下：

$$B = \mu_0 \frac{N}{L} I = \mu_0 nI$$ (6-13)式

上式中 n 為單位長度（公尺$^{-1}$）的匝數，I 為電流（安培），μ_0 為真空中導磁係數 $\mu_0 = 4\pi \times 10^{-7}$（特斯拉－公尺／安培）

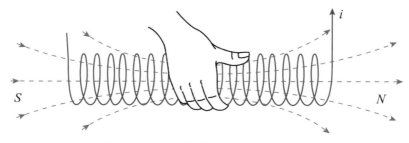

🔾 圖 6-16 螺線管所產生的磁場

範例 6-12

有一直徑 2 公分之螺線管,其總長度 10 公分,總線圈匝數 50 匝,若通過之電流為 1 安培,求管內中心處之磁場大小為若干?

解答　$B = \mu_0 \dfrac{N}{L} I = 4\pi \times 10^{-7} \dfrac{50}{0.1} \times 1$

$\qquad = 2\pi \times 10^{-4}$ （特斯拉）

　　電流的磁效應在日常生活中的應用很多,例如,電磁鐵(electromagnet)就是利用電流的磁效應,使軟鐵具有磁性的裝置。電磁鐵的構造是將軟鐵棒插入一螺線形線圈內部,則當線圈通有電流時,線圈內部的磁場使軟鐵棒磁化成暫時磁鐵,但電流切斷時,則線圈及軟鐵棒的磁性隨著消失。

　　軟鐵棒磁化後所生成的磁場,加上原有線圈內的磁場,使得總磁場強度大為增強,故電磁鐵的磁力大於天然磁鐵。若是螺線形線圈的電流越大,或線圈圈數越多則電磁鐵的磁場越強。工業用的強力電磁鐵,通上大電流,可以作為起重機用以吊運鋼板、貨櫃、廢鐵等,如圖 6-17。

　　另外電磁鐵也應用在電鈴上。圖 6-18 中按下開關後,電路形成通路,電流通過電磁鐵,使電磁鐵因電流磁效應的作用,而具有磁性,此時電磁鐵甲處成為 S 極。此時電磁鐵會吸引鐵片,使附在鐵片上的小鎚敲擊鈴鐺,發出聲音。當彈簧片離開調節螺絲,使電路成為斷路,因此電磁鐵失去磁性,無法吸引鐵

◖ 圖 6-17　電磁鐵的應用

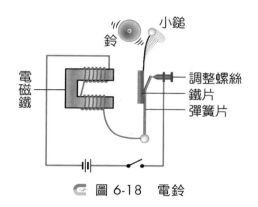

🔗 圖 6-18　電鈴

片。當電磁鐵無電流時，彈簧片彈回原處此時彈簧片又與調節螺絲接觸，原電路又形成通路，因此電磁鐵又有磁性，又吸引鐵片，使小鎚繼續敲擊鈴鐺，因此連續不斷地發出聲音。

6-7　電磁感應

　　1831 年，法拉第(Michael Faraday, 1791~1867)在一軟鐵環上繞了 A 和 B 兩個線圈，A 線圈與一電池連接，B 線圈則接上一電流計，如圖 6-19 所示，當 A 線圈與電池接通或打開的瞬間，B 線圈均會產生短暫的電流使得電流計指針產生偏轉。且此接通或打開的兩種情形偏轉的方向相反。開關不接通或是穩定接通時，電流計指針均指示在零點。

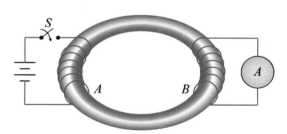

🔗 圖 6-19　法拉第的實驗裝置

　　當法拉第明白磁場的改變會使旁邊的電路產生感應電流，他用一塊磁鐵代替線圈 A，見圖 6-20。當持續移動線圈或磁鐵時，發現線圈仍會產生感應電流，除感應電流外，線圈也會產生電位差，稱為「感應電動勢」(e.m.f.)。

　　法拉第發現穿過線圈的磁通量變化會使線圈兩端產生感應電動勢，所以線圈上會有感應電流產生。因此，磁通量的隨時間的變化率會等於感應電動勢的大小。此關係稱為「法拉第電磁感應定律」，其數學表示式如下：

(6-14)式

$$\varepsilon = -N\frac{\Delta\Phi}{\Delta t}$$

　　上式中 N 為線圈匝數，Φ 為磁通量其單位為韋伯(Wb)，而時間單位為秒(t)，則感應電動勢 ε 的單位就是伏特(V)，負號表示感應電流所生之磁場變化量，與外在磁通量變化量方向相反。

　　另外，線圈對應磁力線的位置十分重要，感應電動勢的產生決定於包圍著線圈的磁力線的改變。因此，如果線圈與這些磁力線平行，沒有感應電動勢產生；另一方面，如果線圈與磁力線垂直，感應電動勢為最大。

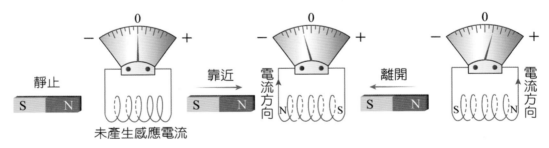

🔁 圖 6-20　移動磁鐵或線圈會產生感生電流

範例 6-13

有一線圈繞有 100 匝，若將磁鐵在 0.2 秒內快速移出使其磁通量由 0.006 韋伯變為 0，求感應電動勢的大小？

解答　線圈之感應電動勢

$$\varepsilon = -N\frac{\Delta\Phi}{\Delta t}$$

$$= -100 \times \frac{0 - 0.006}{0.2}$$

$$= 3 \text{（伏特）}$$

　　1834 年，冷次(Heinrich F. Lenz, 1804~1865)由研究電磁感應現象而得到一推定感應電流方向的規則，即因磁通量變化而生應電勢的方向，乃是使感應電流產生新的磁場其目的在阻止或抵抗原有磁通量的變化，如圖 6-21。法拉第定律中的「－」號即表示此相反之性質，此即「冷次定律」(Lenz's law)。

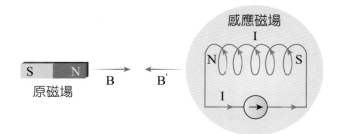

感應磁場

原磁場

　圖 6-21　推入磁棒時線圈會感應逆時方向的電流抵抗原有磁通量的變化

6-8　變壓器與電力輸送

　　家用電源常用的交流電為 110 V 與 220 V。一般家電大多使用 110 V 的，如電視機、電冰箱等；若需要較大的電壓，來產生較大的運能，則需用 220 V，如重型機具設備、冷氣機等。在此兩種電壓使用上，均須視各電器需求而定，若僅需 110 V 的電器，而用 220 V 的電壓，會使電器因電壓過大、負載超額而燒壞；反之，220 V 的電器加在 110 V 下，電器無法運作。

　　雖然直流電比交流電更早發明，但是，現在商業用電都是使用交流電源，其中最主要的原因是交流電可以用簡單的方式改變供電電壓，改變電壓的裝置叫做變壓器(transformer)。變壓器是將原有的交流電壓升高或降低的裝置，主要的變壓器類型如圖 6-22 所示。

　圖 6-22　　主要的變壓器類型

　　變壓器其主要構造，係在矽鋼片疊成之鐵心上，繞以一次線圈與二次線圈。如圖 6-23，一次線圈與交流電源相連接，利用電流的交變，而使鐵心內產生交變的磁通量；二次線圈則因鐵心內磁通量的變化，而產生一應電動勢，用來供應適當的電路使用。

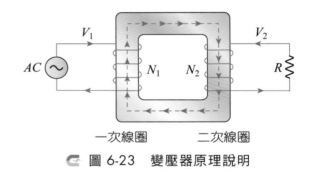

一次線圈　　　　二次線圈

　圖 6-23　　變壓器原理說明

　　一般二次側線圈數(N_2)若大於一次側線圈數(N_1)，則該變壓器為「升壓變壓器」，反之若 $N_2 < N_1$ 則為「降壓變壓器」。

　　即：
$$\frac{輸入電壓(E_1)}{輸出電壓(E_2)} = \frac{一次線圈數(N_1)}{二次線圈數(N_2)}$$
(6-15)式

　　變壓器在理想狀態下，其原線圈及副線圈的電功率相等。設 I_1、I_2 分別表線圈中之電流，則：

$$E_1 \times I_1 = E_2 \times I_2$$

所以：
$$\frac{I_2}{I_1} = \frac{E_1}{E_2} = \frac{N_1}{N_2}$$

(6-16)式

上式表變壓器中電流、電壓及線圈匝數三者的相互關係。

範例 6-14

有一變壓器其一次線圈為 5,000 匝，二次線圈為 100 匝，若輸入電壓為 11,000 伏特，輸入電流為 2 安培，求輸出電壓與電流大小？

解答　由 6-16 式知：$\dfrac{I_2}{I_1} = \dfrac{E_1}{E_2} = \dfrac{N_1}{N_2}$

$$\frac{11,000}{E_2} = \frac{5,000}{100}$$　　輸出電壓 $E_2 = 220$ (V)

$$\frac{I_2}{2} = \frac{5000}{100}$$　　輸出電流 $I_2 = 100$ (A)

　　發電廠的發電機產生的電壓僅有 11,000~22,000 伏特，須利用變壓器把電壓升高至 154,000~345,000 伏特的超高壓，然後經由超高電壓輸送電線分送至各都市、工業區等附近的變電所，再經兩次降壓後，使電壓降至 11,000 或 22,000 伏特，最後傳送到市內的地面式變壓器或電線桿上的變壓器，再將電壓降至 110 或 220 伏特後，接至家庭內使用，如圖 6-24。

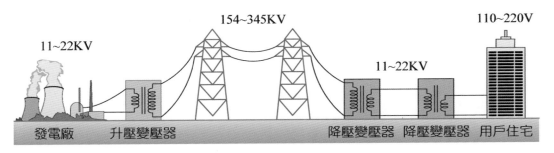

⊝ 圖 6-24　電力傳輸過程

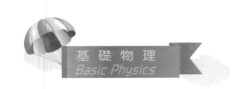
　　為何家庭內插座電壓為 110 V，但是輸送電力的電壓卻是高電壓呢？這是為了要減少損失在輸送線路上的能量。因為輸送電路上的電阻 R 為定值，根據電流的熱效應，損失再線路上的熱功率 $P = I^2R$，可知輸送電流 I 越小，損失在線路上的熱功率 P 越小。又根據理想的變壓器輸送功率 $P = E \times I$ 為定值，所以使用高電壓（E 較大）來輸送電力，可降低輸送電流（I 較小），進而減少損失在線路上的熱能。

6-9　家庭用電與安全

　　電流自電源出發，經過電器形成循環流動時，稱此電路為通路(closed circuit)；若將電路切斷或電路中的開關啟斷，電流無法流通，則稱為斷路(open circuit)。接至電源插座兩端的導線若未經負載而直接接通，會產生很大的電流，稱為短路(short circuit)，如圖 6-25。造成短路的原因，通常為電源本身絕緣不良、插頭內的導線斷開、電器內部的導線接頭鬆動或斷開而發生碰觸，或是蟑螂、老鼠咬破電線絕緣塑膠皮等。因此，防止短路的發生應注意避免有裸露的接頭以及導線絕緣必須良好。

　　為避免流經電線的電流發生過大情形，引發危險，我們會在電器或電路中加裝適當的保險絲，以維護用電安全。目前大都改用「無熔絲開關」代替保險絲，當通過的電流大到某一限定值，它會自動跳開，形成斷路，此時只要再按下開關，便可重新成通路，如圖 6-26。

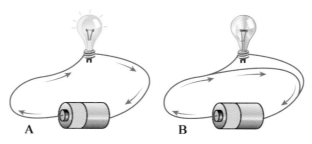

G 圖 6-25　(a)正常迴路；(b)短路現象

◎ 圖 6-26　配電盤中的無熔絲開關

　　一般 110 伏特的電源插座內配有兩條電線，分別為火線(live wire)與中性線(neutral wire)。火線與人體存有電壓差，接觸它時，電流由火線經人體而流入地面（或反向流動），使人體有觸電的感覺，極為危險。居家用電每條火線與中性線間的電壓差均為 110 伏特，但兩火線間的電壓差則為 220 伏特，如圖 6-27。另外接地線是指家用電器的外殼用來接地，萬一漏電可將電流導地避免觸電。

　　電力是現代日常生活最重要的能源之一，但由於電是肉眼看不見的，因此使用電器常會因疏忽而發生觸電或引發火災，造成生命財產的傷害。例如，當交流電通過人體肌肉約在 25 mA 電流時，即有可能抓住電源而無法放開。若是通過心臟的電流達到 100 mA 以上則可能致死。所以平常就要確實遵守用電安全的基本規則，以避免任何可能的意外發生。

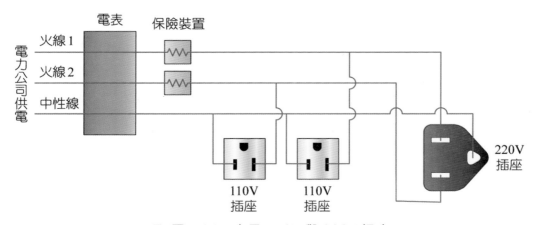

◎ 圖 6-27　家用 110V 與 220V 插座

下面我們列舉一些確保家庭用電安全的基本方法：

1. 使用各種電器時，應依使用說明書之規定，將外殼接地。

2. 所有電器與電路應盡量避開高溫與潮濕，浴室插座分路應加裝漏電斷路器。

3. 使用電器後，應手持插頭部位拔出插座，不可直接拉扯電線拔出，如圖 6-28。

⊂ 圖 6-28　插頭拔出插座的方法

4. 家裡的總開關若經常跳電，應檢查所使用之電器是否超過安全負載電流？或有漏電情形？不可冒然再插入其他電器插頭或換裝較大功率的開關。

5. 同一插座或同一條電源延長線，切記不可插接多個電器用品，以免超過安全負載電流，如圖 6-29。

6. 有人因碰觸電線而觸電，在未脫離電線前，千萬不可用手去拉開他，以免救援者觸電，應使用乾燥不導電的物體，如木棍或竹竿將電線撥開，方能進行搶救傷者。

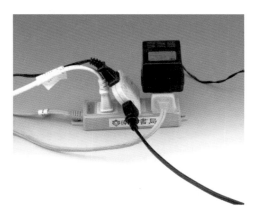

⊂ 圖 6-29　插座不當使用容易過載

7. 發生火警或地震時，千萬不要搭電梯逃生，以防斷電受困於電梯內。

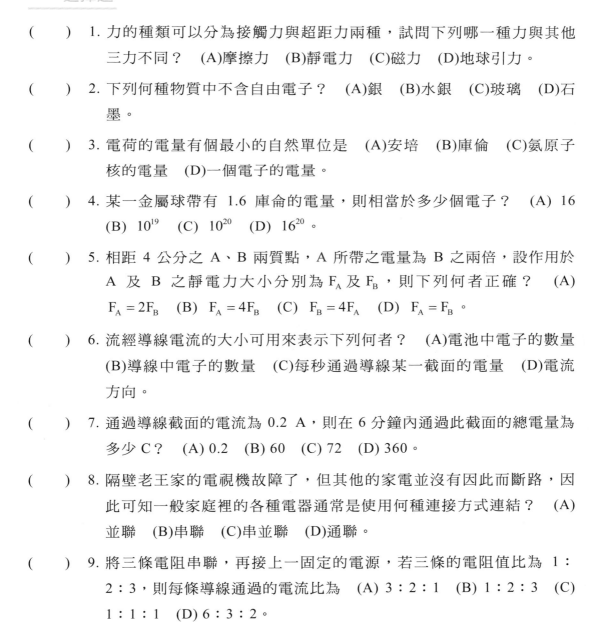

習題演練

一、選擇題

( )　1. 力的種類可以分為接觸力與超距力兩種，試問下列哪一種力與其他三力不同？　(A)摩擦力　(B)靜電力　(C)磁力　(D)地球引力。

( )　2. 下列何種物質中不含自由電子？　(A)銀　(B)水銀　(C)玻璃　(D)石墨。

( )　3. 電荷的電量有個最小的自然單位是　(A)安培　(B)庫倫　(C)氫原子核的電量　(D)一個電子的電量。

( )　4. 某一金屬球帶有 1.6 庫侖的電量，則相當於多少個電子？　(A) 16　(B) 10^{19}　(C) 10^{20}　(D) 16^{20}。

( )　5. 相距 4 公分之 A、B 兩質點，A 所帶之電量為 B 之兩倍，設作用於 A 及 B 之靜電力大小分別為 F_A 及 F_B，則下列何者正確？　(A) $F_A = 2F_B$　(B) $F_A = 4F_B$　(C) $F_B = 4F_A$　(D) $F_A = F_B$。

( )　6. 流經導線電流的大小可用來表示下列何者？　(A)電池中電子的數量　(B)導線中電子的數量　(C)每秒通過導線某一截面的電量　(D)電流方向。

( )　7. 通過導線截面的電流為 0.2 A，則在 6 分鐘內通過此截面的總電量為多少 C？　(A) 0.2　(B) 60　(C) 72　(D) 360。

( )　8. 隔壁老王家的電視機故障了，但其他的家電並沒有因此而斷路，因此可知一般家庭裡的各種電器通常是使用何種連接方式連結？　(A)並聯　(B)串聯　(C)串並聯　(D)通聯。

( )　9. 將三條電阻串聯，再接上一固定的電源，若三條的電阻值比為 1：2：3，則每條導線通過的電流比為　(A) 3：2：1　(B) 1：2：3　(C) 1：1：1　(D) 6：3：2。

(　　) 10. 以下所用單位何者錯誤？　(A)壓力：gw/cm^2　(B)電流：安培　(C)電量：庫侖　(D)電阻：伏特

(　　) 11. 由鎳鉻絲所製成的粗細、長短不一的電阻線甲、乙、丙，如右圖，則三個電阻的大小順序為　(A)甲＞乙＞丙　(B)甲＜乙＜丙　(C)甲＝乙＜丙　(D)甲＝乙＞丙。

(　　) 12. 大小一定的電阻，接在電源上，每秒發生熱量和　(A)電流成正比　(B)電壓成正比　(C)電流平方成正比　(D)電阻平方成正比。

(　　) 13. 為減少長距離電力輸送的浪費，電力公司以什麼方式輸送？　(A)低電壓、低電流　(B)高電壓、低電流　(C)高電壓、高電流　(D)低電壓、高電流。

(　　) 14. 通以電流的螺線形線圈，在線圈中放入下列哪一種物品，可以增加磁力？　(A)鐵釘　(B)銅棒　(C)竹筷　(D)玻璃棒。

(　　) 15. 感應電流的發生是由於下列哪些變化？　(A)磁場強弱的變化　(B)磁場方向的變化　(C)磁力線數目的變化　(D)以上都正確。

(　　) 16. 長度比 2：1，截面半徑比 3：1 的兩同質料導線 A、B 連成一根以後，加電位差於其兩端，A、B 二導線內的電阻比？　(A) 2：1　(B) 3：1　(C) 2：9　(D) 4：3。

(　　) 17. SI 中電流強度的單位，是：　(A)安培　(B)庫侖　(C)基本電荷　(D)伏特。

(　　) 18. 120 伏特之電烤器通過電流為 10 安培，電阻為若干？(A) 0.083　(B) 1,200　(C) 1.2　(D) 12　歐姆。

(　　) 19. 有關電荷電力線及磁極磁力線之比較，以下何者為非？　(A)電力線切線方向為電場方向，磁力線切線方向為磁場方向　(B)電力線密度表示為電場強度，磁力線密度表示為磁場強度　(C)電力線永不相交，磁力線則會相交　(D)電力線並不封閉，磁力線則是封閉曲線。

(   ) 20. 下列哪一組儀器均是應用到同一物理原理？   (A)安培計、質譜儀、
變壓器   (B)驗電器、伏特計、電動機   (C)變壓器、發電機、電磁爐
(D)電流計、避雷針、微波爐。

二、計算題

1. 兩帶相同電荷的小球相距 5 公分，測出其斥力為 1.6×10^{-6} 牛頓，若兩球相距
10 公分則靜電力變為多少？每一小球之帶電量？

2. 一電熱器的兩端電壓為 120 伏特，通過此電熱器的電流為 4 安培，則：
(1) 5 分鐘內電池提供電能為多少？
(2) 此電熱器的電功率為瓦特？

3. 穿過 500 匝線圈之磁通量在 0.3 秒內，從 0.03 韋伯均勻減少變為 0，則線圈
上之平均感應電動勢為多少？

4. 小芸家冷氣機使用 110 伏特電源，其功率是 1,200 瓦特，此冷氣機的專用電
錶在 7 月 6 日和 7 月 9 日的讀數如下圖，則此段期間，冷氣機約運轉多少小
時？

7月6日   7月9日

5. 距離一條長直導線 1 公分位置的磁感應大小為 2×10^{-2} Wb/m²，求此導線內的
電流大小為何？

CH 07

**Basic
Physics**

能量與生活

　　無論是地球生態環境的經常變化或是所有物種的生生不息都與能量有著密切的關係。例如海水吸收太陽的輻射熱能蒸發變成水蒸氣，水蒸氣在高空遇冷形成小水滴，再聚集成雲朵，然後又以下雨的方式落到陸地，最後又流入海洋。整個過程即為大家所熟知的水循環（圖 7-1）。在水循環過程中，太陽的輻射熱能持續地被轉換成各種能量形式，包括動能、位能等。綠色植物吸收太陽能量進行光合作用（圖 7-2），並以化學能形式儲存起來。植物被動物攝食並消化之後，再將化學能轉換成其他的能量以維持動物生存所需之能量。

　　人類的許多發明就是利用這種能量可以在各種形式之間的轉換。引擎可以將燃料的化學能轉化成動能；水力發電則是利用高處的水（重力位能）來推動發電機的扇葉（動能）進行發電（電能）。然而，有效用的能量（能源）不是取之不盡、用之不竭的。為了避免能源匱乏的問題，開源節流變成迫切需要執行的重要課題。在節流方面，透過能源政策的訂定、能源教育的推廣、節能設備的設計開發等來珍惜現有的能源資源。在開源方面，努力開發再生能源以及積極尋找替代能源等。

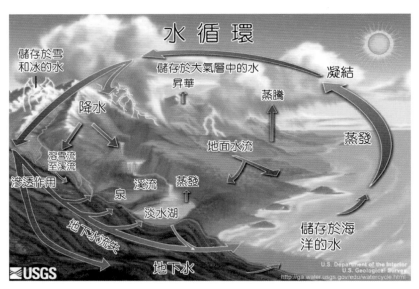

⊂ 圖 7-1　水循環

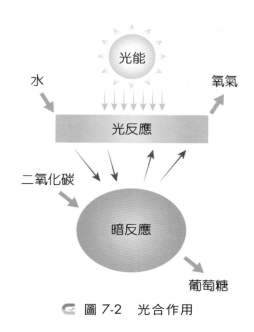

⊙ 圖 7-2　光合作用

7-1　能量的形式與轉換

 一、功

　　日常生活中，要完成一件工作總是得付出一些精力和時間。例如，要讓物體能夠到達我們所預期的位置，必須付出一些力量，而且必須是有用的力量。當我們希望把物體抬高一定的高度，那麼我們必須施與物體一個往上的力量才能完成。假若施與物體一個水平方向的力量，則不可能完成我們的工作。我們把一外力 F 作用於物體上，使得物體能夠沿著力的作用方向產生位移 d，稱為該力對物體作功，而且該力對物體所作的功之大小為：

$$W = Fd \tag{7-1式}$$

如圖 7-3 所示。當力的單位為牛頓(N)、位移的單位為公尺(m)時,則功的單位為焦耳,以 J 表示。如果某物體受力作用後的位移方向與施力方向相同時,則該作用力作正功;如果物體受力作用後的位移方向與施力方向相反時,則該力作負功。

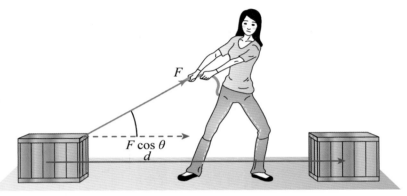

🔵 圖7-3　力量與位移必須在同一直線上才有作功,若力量與位移方向形成某一角
度,則必須是沿著位移方向的分力才有作功

範例 7-1

小昌以水平方向 20 N 的力量將 8 kgw 的行李拖行 15 m,請問小昌對行李作多少功?

解答　這裡要注意的是:行李的重量 8 kgw 並不重要。20 N 的施力造成
行李有 15 m 的位移,所以由(7-1)式知:

$W = 20 \times 15 = 300$,

因此小昌作功 300 J。

　　因為功的定義是施力與位移必須是同方向或反方向才有作功(正功或負功),所以與位移方向垂直的力量是沒有作功的。像手臂抱著包裹水平移動時,手臂的施力並沒有對包裹作功,這是因為手臂施力是向上而包裹的位移是水平方向,故不作功。另外像單擺的情形,繩子的張力對擺錘也不作功,因為張力

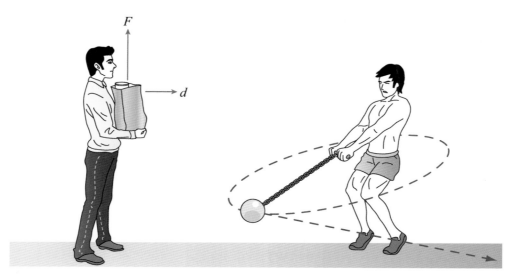

⟲ 圖 7-4 　不作功的狀況

的方向永遠與擺錘的運動方向垂直，所以不作功。還有，圓周運動時，向心力也不作功（見圖 7-4）。

　　功的好處在於它是不具方向性的純量。當有多個力量作用在同一個物體上造成位移時，每個力量都會對物體作功。所有功的總和就是一般數字的加減，而不必像求合力一樣必須考慮各個力量的方向。

　　功的定義只是描述完成一項任務所需要的物理量，並不與完成任務所需的時間有關。假設將物體移至高處需作功 50 J，但是這 50 J 是在 1 秒鐘內或是 1 分鐘內提供，並未說明。也就是說，知道作功的大小但無法知道效率的問題。如果在短時間內提供大量的功，那麼作功機器的效率就比較高。反之，則作功效率低。為了描述作功的效率，我們定義在單位時間內所完成的功為功率，如下式所示：

$$P = \frac{W}{\Delta t}$$

(7-2)式

其中 W 為時間 Δt 內所作的功。功率單位為瓦特(W)，即每 1 秒提供 1 J 的功稱為 1 W。另外，生活上我們經常聽到用馬力來描述汽車或冷氣機的引擎效能，這是比較大的功率單位。一般，馬力和瓦特的關係為 1 hp=746 W=0.746 kW。

範例 7-2

一位質量 65 kg 的參賽選手於 30 分鐘內爬上 101 大廈最高點（高約 500 m），請問選手的功率為何？

解答 因為選手要將自己提升 500 m 的高度至少須克服自己的重量，所以作功大小為：

W=Fd=mg·h=65×9.8×500=318,500 (J)

因為在 30 分鐘內完成，所以功率為：

$$P = \frac{W}{\Delta t} = \frac{318,500}{30 \times 60} = 176.94 \text{ (W)}$$

二、動能

　　能量是指物體或系統所具有的作功能力。當物體或系統對外界作功或反過來外界對物體或系統作功都會發生物體或系統的能量改變。當物體處於運動狀態時，我們稱物體具有動能形式。物體的動能定義為：

$$K = \frac{1}{2}mv^2$$

(7-3)式

上式的 m 代表物體的質量，而 v 代表物體運動時的速率。

　　當質量為 m 的物體受到沿著運動方向的外力 F 作用 x 的距離時，運動速率由 v_1 變為 v_2，則外力作功與物體動能變化的關係為：

$$W = \frac{1}{2}mv_2^2 - \frac{1}{2}mv_1^2$$

(7-4)式

上式稱為功能定理，它明白揭示施力所作的功引起物體動能的變化（圖 7-5）。若施力作正功，則物體的動能增加，速度變快；若施力作負功，則物體動能減少，速度變慢。

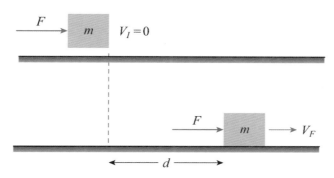

G 圖 7-5　功能定理：力量對物體作功使得物體獲得動能

範例 7-3

質量為 3 kg 之物體，以 40 m/s 之速度運動。請問此物體之動能為何？

解答　利用(7-3)式得：

$$K = \frac{1}{2} \cdot 3 \cdot 40^2 = 2,400 \text{，}$$

所以動能為 2,400 J。

範例 7-4

質量為 5,000 kg 的一艘船，原本船速為 8 m/s。船受到順風吹拂，船速變為 10 m/s。請問這陣順風對船作功多少？

解答　由功能定理(7-4)式知：

$$W = \frac{1}{2} \cdot 5,000 \cdot 10^2 - \frac{1}{2} \cdot 5,000 \cdot 8^2 = 250,000 - 160,000 = 90,000 \text{，}$$

所以風力作功 90,000 J。

三、位能與機械能守恆

當物體從高處受到重力（地心引力）的作用落下時，物體的下落速度越來越快，也就是物體所獲得的動能越來越多。下落物體獲得動能的主要原因是重力對物體作功而來。我們有另外一種方式來描述重力的作功，也就是位能的觀念。

假設有一質量為 m 的物體在高度為 y_1 的位置上。當受到重力作用之後，高度下降為 y_2。在這過程中，重力對物體所作的功為：

$$W = Fd = mg(y_1 - y_2)$$ (7-5)式

這些功使得物體的動能增加而表現在下落速度的增加。反過來，當我們施力 F 給同樣質量的物體，使物體從 y_2 提升高度至 y_1 時，施力 F 必須反抗重力而作功。F 所作的功恰好與(7-5)式的結果大小相等，並且這些功被物體以重力位能的能量形式儲存起來。由此可知，位能相當於反抗外力所作的功。以重力為例，當物體位置提升的越高時，反抗重力所作的功越大，所以儲存的重力位能就越多。若我們定義地表面的重力位能為 0 時，則任何高度 y 的重力位能為（圖 7-6）：

$$U_g = mgy$$ (7-6)式

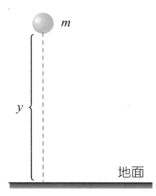

🔊 圖 7-6　高度 h 質量為 m 的物體相對於地面具有 mgh 的重力位能

　　如此，重力對物體所作的功就可以用重力位能來描述，也就是重力對物體所作的功等於物體在不同高度的重力位能差。(7-5)式就可以改寫為：

$$W = U_{g,y=y_1} - U_{g,y=y_2}$$ (7-7)式

範例 7-5

一質量 5 kg 的物體從高度 10 m 下落至高度為 2 m 的地方，請問重力對物體作功多少？

解答　重力對物體所作的功就是物體的重力位能差，所以由(7-7)式可得：

　　$W = 5 \times 9.8 \times (10 - 2) = 392$，

　　因此重力對物體作功 392 J。

我們將(7-4)式和(7-5)式結合，則有：

$$mgy_1 - mgy_2 = \frac{1}{2}mv_2^2 - \frac{1}{2}mv_1^2$$ (7-8)式

整理一下可得：

$$\frac{1}{2}mv_1^2 + mgy_1 = \frac{1}{2}mv_2^2 + mgy_2$$ (7-9)式

　　我們將系統的動能與重力位能之和稱為系統的機械能，因此(7-9)式說明物體在任何位置的動能與重力位能之和不變，也就是機械能守恆。所以當物體的動能增加時，其重力位能會減少，就像物體往下掉時，高度越來越低（重力位能減少），下落速度越來越快（動能增加）。反過來，物體的重力位能增加則其動能減少，就像物體往上拋，結果高度越高（重力位能增加），向上的速度越來越小（動能減少）（圖 7-7）。

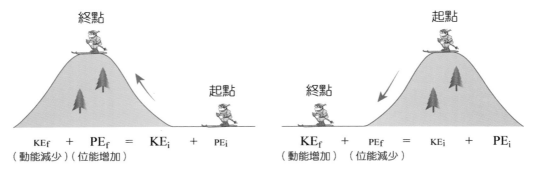

終點　起點

KE_f + PE_f = KE_i + PE_i
（動能減少）（位能增加）

終點　起點

KE_f + PE_f = KE_i + PE_i
（動能增加）（位能減少）

圖 7-7　當滑雪選手往上滑向小丘頂時，動能減少而位能增加；當選手從小丘頂向下滑時，位能減少而動能增加

範例 7-6

將一質量為 3kg 的球往上拋出，球到達最高點時的上升高度為 6m。請問一開始球的上拋速度大小為何？

解答　假設球一開始的速度大小為 v，高度為 h，

則此時之機械能為 $\frac{1}{2}mv^2 + mgh$ 。

球到達最高點時的速度為 0，且高度為 h + 6，

則此時之機械能為 $0 + mg(h+6)$ 。

由機械能守恆知 $\frac{1}{2}mv^2 + mgh = mg(h+6)$ ，所以有：

$\frac{1}{2} \times 3 \times v^2 = 3 \times 9.8 \times 6$ ，

$v = 10.84$ 。

因此球一開始的速度為 10.84 m/s。

　　除了重力對應到重力位能之外，像彈力也有對應的彈力位能。彈力的大小與彈力常數有關，即：

F = kx　　　　　　　　　　　　　　　　　　　　　　(7-10)式

上式中 x 為形變量，以彈簧為例就是伸長量或壓縮量。經過運算可知彈力所對應的彈力位能為：

(7-11)式

$$U_{el} = \frac{1}{2}kx^2$$

彈力位能也是屬於機械能的一種，所以包含彈力作用的情形也滿足機械能守恆（圖 7-8）。

當然在整個過程中，若還有其他力量作功，必須考量到該力作功的情形，像是摩擦力的存在。摩擦力總是對系統作負功，所以在這種情況下機械能是無法守恆的。

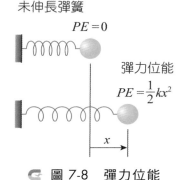

圖 7-8　彈力位能

範例 7-7

如圖 7-9 所示，彈簧的彈力常數為 5 N/m，置於水平面上。有一質量 0.2 kg 的金屬球以 5 m/s 的速度對準彈簧運動。請問當金屬球接觸到彈簧時，最大的壓縮量是多少？

$V_1 = 5\,m/s$　$k = 5N/m$　　　　　$V_2 = 0$

0.2 Kg　　　d　　　　　　　$d-x$

解答　彈簧發生最大壓縮量是在金屬球停止之時，所以由機械能守恆知道，金屬球失去的動能完全轉換成彈簧的彈力位能。假設最大壓縮量為 xm，則有：

$$\frac{1}{2} \times 0.2 \times 5^2 = \frac{1}{2} \times 5 \times x^2 \, 。$$

由上式可解出：

$$x = 1 \, ，$$

所以最大壓縮量為 1 m。

範例 7-8

一個質量為 5 kg 的球從高度為 10 m 的斜坡上下滑，假設斜坡表面完全光滑，沒有摩擦力。當球滑到底部進入平面時，受到固定 2 N 的摩擦力作用。請問球在平面上的滑行距離為何？

 利用機械能守恆的概念，球從 10 m 的高度下滑到底部時，整個重力位能會轉換成動能。然後在水平面上，動能會因為摩擦力的作用而消耗掉，也就是摩擦力作負功使的動能減少。因此，摩擦力的作功等於重力位能的減少，即（假設滑行 xm 的距離）：

$$5 \times 9.8 \times 10 = 2 \times x ，$$

得 $x = 245$ m。

故，球滑行距離為 245 m。

四、其他能量形式與轉換

電能是推動電荷在電場中移動的能量。電力公司透過火力發電、水力發電、核能發電等的方式，將化學能、重力位能、核能轉換成電能。各種電器再將電能轉換，例如電風扇轉換成動能、電鍋轉換成熱能、電燈轉換成光能等。由於電能容易轉換成其他形式的能量，所以電能是家庭和工商業中最普遍使用的能量形式。熱能是物質分子運動的能量，在第三章已有介紹。化學能則是物質進行化學反應的能量，可從化學課程了解與學習更多內容。

核能，也稱為原子能，是束縛質子和中子在原子核內的能量。較詳細的內容會在下一節探討。

7-2　核能與核能發電

我們都知道太陽具有非常豐富而且取之不竭的能源。如果人類可以依據太陽發熱的機制來製造能量,那就有豐富的能量可以使用。事實上,人類已漸漸具備這項能力。太陽的能量來自於原子核的反應,核反應過程中會發生質量虧損現象,根據愛因斯坦質能公式 $E = mc^2$ 的計算得知微小的質量虧損可以產生巨大的能量,以生成粒子的動能和電磁輻射方式釋放。除了能量的釋放以外,核反應生成的粒子輻射也會對人體造成不同程度的傷害,所以在使用上要特別注意輻射的防護以確保安全。

一、核分裂、核能發電與輻射安全

核反應有兩種類型:核分裂和核融合。核分裂是指一個質量較大的原子核分裂成兩個質量較小的原子核的現象。核分裂反應的燃料是含有不穩定原子核的大原子,如鈾 235。當我們利用高速中子撞擊鈾 235 原子核時,原子核會分裂成兩個較小的原子核,並釋放兩個或兩個以上的中子,如圖 7-9 所示。當這些中子繼續撞擊鈾 235 原子核,則核分裂反應就會持續進行。只要原子核足夠多,連鎖反應就能持續進行,並繼續釋放巨大的能量。如果連鎖反應不加以控制,那麼釋放的巨大能量會引起大爆炸,造成無法挽回的傷害。原子彈爆炸就是這樣的情形。因此,要利用核分裂產生的能量就必須有控制連鎖反應的能力,使得釋放的能量會以熱能形式緩慢的釋放,這時就可以用來發電了。

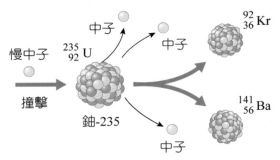

圖 7-9　鈾 235 原子核的核分裂反應。當原子核受中子撞擊後會分裂成氪 92 原子核、鋇 141 原子核和一些中子

核能發電是利用上述可控制的連鎖式核分裂反應。反應所釋放的熱量用來將水汽化成蒸氣，這些水蒸氣再去推動渦輪發電機的葉片進行發電。圖 7-10 是核能發電的簡單示意圖。核分裂反應爐裡有棒狀的燃料棒，燃料棒靠得足夠近時，就會發生一系列的核分裂反應。反應速率的控制是通過金屬鎘製控制棒來調整。控制棒置於燃料棒之間，鎘金屬能夠吸收反應所生成的中子，以控制連鎖反應。

雖然核能發電帶來了豐富的能量，但是仍有風險存在。1979 年美國三哩島核電廠發生輻射外洩，1986 年烏克蘭的車諾比爾核電廠因為反應爐溫度過高，導致燃料棒熔融，最後造成爆炸。2011 年日本福島核電廠因為地震引發海嘯的影響也產生嚴重的災變。這些災變通常都伴隨著大量的輻射外洩，造成不可抹滅的傷害。

伴隨核分裂反應的輻射有 α 射線（氦原子核）、β 射線（電子）和 γ 射線（電磁波），然而生活環境中還充滿著各種輻射，像是電磁輻射、X 射線、宇宙輻射等。這些輻射都可能使原子中的電子被游離出來，稱為游離輻射。當游離輻射照射在人體時，我們稱為輻射曝露。曝露方式可分為體外與體內二種。一

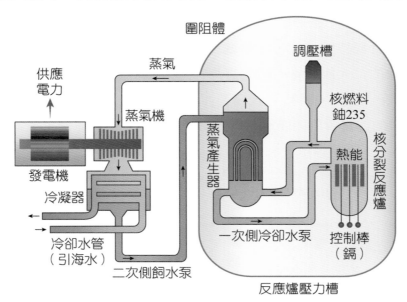

▣ 圖 7-10　核能發電示意圖

般健康檢查的胸部 X 光檢查屬於體外曝露，而吃入含有天然放射性物質或受放射性物質汙染的食物則是屬於體內曝露。

　　體外曝露防護非常實用的方法是運用 TSD 原則。T 指的是時間(time)，意指縮短曝露時間；S 指的是屏蔽(shielding)，使用適當屏蔽物質阻擋輻射；D 指的是距離(distance)，盡量遠離輻射源。所以不論你面對的是 X 光機還是具有放射性的物質，選擇適當的屏蔽物質，再以 TSD 原則搭配運用，就可以減少從體外照射人體的輻射劑量。

　　體內曝露是因為食入（受汙染的食物或飲水）、吸入（呼吸含放射性物質的氣體、塵粒或煙霧）或是皮膚或傷口接觸到放射性物質造成在人體內沉積。主要的防護方式就是盡量阻隔放射性物質進入人體。例如在可能造成體內曝露的輻射工作環境，除了工作環境要特別設計與規定外，工作人員務必要遵守作業規範。在生活環境上設立多個輻射監測點，隨時監控空氣與環境中的輻射狀況。食品安全上設立輻射偵測中心，進行定時與不定時的檢驗，以維護輻射方面的安全。

二、核融合

　　另一種利用核能的方式是核融合，太陽內部即是進行核融合來產生能量。核融合是指兩個較輕的原子核結合成一個較大原子核的過程。例如在兩個氫的同位素中，含有一個質子和一個中子的氘和含有一個質子和兩個中子的氚可以進行融核現象，形成含有兩個質子和兩個中子的氦原子核，並釋放一個中子。由於氦原子核的質量比一個氘和一個氚的總質量稍輕，虧損的質量就轉換成能量，如圖 7-11。

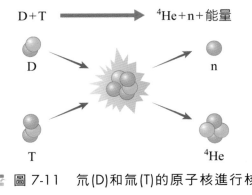

G 圖 7-11　氘(D)和氚(T)的原子核進行核融合產生氦原子核和中子

以核融合作為能源的好處在於每個原子融合時所釋放的能量比核分裂方式來的更多，並且海洋中蘊藏著豐富的氘和氚（氫的同位素），可提供做為核融合的燃料。另外，核融合遠比核分裂來的安全，產生的核汙染也比較少。因此，科學家急切希望能建造核融合反應爐。

雖然在軍事上已有相關的武器（氫彈）誕生，但是目前科學家還是無法控制大規模的核融合。這當中最大的問題是溫度。另外，超強磁場也可以引起核融合，但是產生超強磁場所需要的能量高過核融合反應所需要的能量。假若科學家真的能克服這些困難來控制核融合反應，那就可以找到乾淨、廉價的能源。

7-3 替代能源與其發電方式

除了火力、水力及核能發電以外，目前也發展出其他幾種發電方式，包括：太陽能、潮汐、風力、地熱等的利用。

一、風力發電

風能是指空氣流動時產生的動能。在風力以及風向比較穩定的區域就可以利用風力發電。我國目前風力發電的分布多集中在澎湖外島以及中北部的西部沿海地區，如澎湖的中屯風力、桃園的觀園風力（圖 7-12）等。圖 7-13 為國內風力發電的分布圖以及發電量能。

⊂ 圖 7-12　左圖為澎湖的中屯風力，右圖為桃園的觀園風力

資料來源： 台灣電力公司
　　　　　http://www.taipower.com.tw/content/new_info/new_info-b31. aspx?LinkID=8

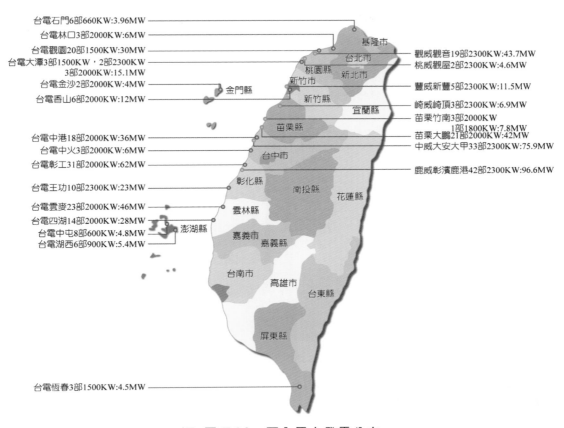

台電石門6部660KW:3.96MW
台電林口3部2000KW:6MW
台電觀園20部1500KW:30MW
台電大潭3部1500KW，2部2300KW 3部2000KW:15.1MW
台電金沙2部2000KW:4MW
台電香山6部2000KW:12MW
台電中港18部2000KW:36MW
台電中火3部2000KW:6MW
台電彰工31部2000KW:62MW
台電王功10部2300KW:23MW
台電雲麥23部2000KW:46MW
台電四湖14部2000KW:28MW
台電中屯8部600KW:4.8MW
台電湖西6部900KW:5.4MW
台電恆春3部1500KW:4.5MW

觀威觀音19部2300KW:43.7MW
桃威觀屋2部2300KW:4.6MW
豐威新豐5部2300KW:11.5MW
崎威崎頂3部2300KW:6.9MW
苗栗竹南3部2000KW 1部1800KW:7.8MW
苗栗大鵬21部2000KW:42MW
中威大安甲33部2300KW:75.9MW
鹿威彰濱鹿港42部2300KW:96.6MW

基隆市
台北市
桃園縣
新北市
新竹市
新竹縣
金門縣
宜蘭縣
苗栗縣
台中市
彰化縣
南投縣
花蓮縣
雲林縣
澎湖縣
嘉義市
嘉義縣
台南市
高雄市
台東縣
屏東縣

圖 7-13　國內風力發電分布

資料來源：台灣電力公司
http://www.taipower.com.tw/content/new_info/new_info-b31.aspx?LinkID=8

　　風力發電的機組主要是由塔架、風輪扇葉、發電機組等三大部分構成，參見圖 7-14。風速不能太小（一般至少要大於 2~4 m/s），也不能太大（約 25 m/s）。風力越大，轉動扇葉的動能就越大，因此就可以轉換出更多的電能。每座風力發電機組都可以獨立運轉，所以是屬於一種分散式發電系統。

　　風力發電的優點是簡單易行、投資小、清潔無汙染、資源豐富。但是缺點是風輪扇葉的旋轉會對附近區域產生噪音，還有對飛行的動物產生威脅，影響候鳥的遷徙。所以建造時必須考慮到對生態環境的影響。

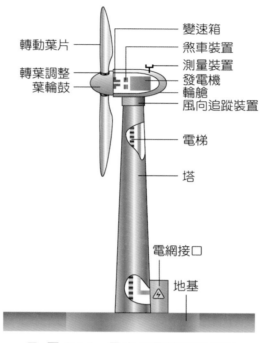

轉動葉片 ——— 變速箱
煞車裝置
轉葉調整 ——— 測量裝置
葉輪鼓 ——— 發電機
輪艙
風向追蹤裝置

電梯

塔

電網接口
地基

🔁 圖 7-14　風力發電機組織構造

📢 二、潮汐發電

　　海洋看似安靜，事實上也蘊藏著巨大能量。海洋的能量源自於太陽能，一般包括海水熱能、海流和波浪的動能以及潮水的位能。海洋的能量通常是被轉換成電能再加以利用，主要方式有潮汐發電、海流發電、海浪發電和溫差發電。

　　潮汐的產生是因為太陽與月球的引力使得地球表面海水的水位隨著地球自轉運動呈現週期性的漲落。在一些海岸線，大量海水在漲潮時流入海灣，隨著退潮又回流入海。因為這種潮差產生的位能以及潮流流動產生的動能，把海水的動能及位能變化轉換成電能，這就是所謂的潮汐發電。雖然潮汐發電還沒有廣泛使用，不過相信在未來能源供應上，潮汐發電有著很好的發展潛力。因為潮汐比較容易被預測。

　　圖 7-15 顯示潮汐發電的情形。潮汐發電的優點有：

1. 乾潔、不汙染、不影響生態的可再生能源。

2. 相對穩定的可靠能源，很少受氣候、水文等自然因素的影響。

3. 在發生戰爭或地震等自然災害下，不會造成嚴重災害。

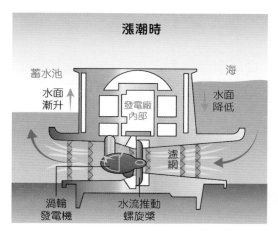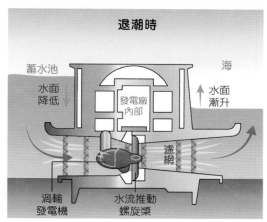

圖 7-15　潮汐發電示意圖

三、地熱發電

地球本身是個大熱庫，蘊藏著豐富的熱能。這些由地核散發出來的熱量透過地函中的高溫岩漿傳達至地面，這就是地熱或稱為地熱能。地熱是地球內部區域性、低汙染的再生能源，依據水、汽的溫度不同而有各種應用。地熱的使用除了一般的溫泉沐浴和醫療、地下熱水取暖之外，還可以建造溫室、水產養殖等運用。高溫的地下熱水汽則可用作地熱發電。

地熱發電是將冷水注入地下的高溫地熱帶，這些冷水吸收地熱會變成高溫高壓的水蒸氣，經導入渦輪機，再推動發電機發電，如圖 7-16 所示。

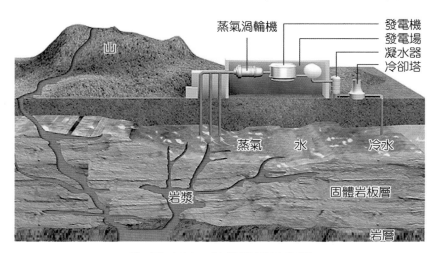

圖 7-16　地熱發電示意圖

🔊 四、太陽能發電

太陽能是太陽內部持續不斷進行核融合反應並以輻射的方式向廣大宇宙發射出的巨大能量。太陽能的轉換和利用方式可分為：光－熱轉換、光－化學轉換和光－電轉換。

在光－熱轉換中，太陽輻射能是通過各種集熱元件轉換成熱能之後再加以利用。在低溫(100~300°C)的部分，可用於工業用熱、製冷、空調、烹調等。在高溫（300°C 以上）的部分，則用於熱發電、材料高溫處理等。

在光－化學轉換中，主要是利用光照射半導體和電解液界面，發生化學反應，在電解液內形成電流，並使水電離直接產生氫的電池，即光化學電池。

在光－電轉換中，是通過太陽能電池將太陽輻射能直接轉換成電能。太陽能電池有許多種種類，像是單晶矽電池、多晶矽電池、非晶矽電池、硫化鎘電池、砷化鋅電池等。1979 年，非晶矽薄膜所做成的太陽能電池首先運用到電子計算機。

圖 7-17 顯示目前一般家庭利用太陽能的發電系統與台電供電系統併接的情形。在屋頂上裝的太陽能發電板也就是太陽能電池。

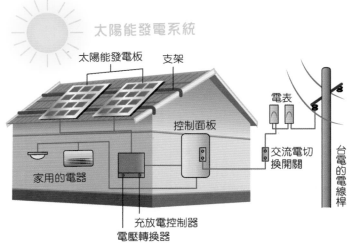

🔶 圖 7-17　家庭太陽能發電系統示意圖

7-4　能量的有效利用與節約

　　日常生活中，太陽能可以透過太陽能熱水器轉換出熱能來提供洗澡時所需的熱水，也可以透過太陽能電池將蓄電池充電提供路燈使用。每天三餐的烹煮不是靠著瓦斯的化學能就是靠著電磁爐的電磁輻射能量。家中各項電器則是充分利用電能。這些提供能量的資源就是能源。雖然在地球上可以運用的能源非常多，但是能源是有限的，所以我們必須將能源做最有效的利用，才不至於造成能源危機。

　　節約能源的意思就是減少能源的使用。比方說，你不開車或不騎機車而改用走路或是騎腳踏車的方式到便利商店購買東西，這樣就可以節省汽油燃料的使用。除了這種類似的方法以外，其實在必須使用能源的情況下，最好的辦法是提高能源的使用率，也就是在一定的能量消耗下盡可能做更多的功。換句話說，就是提升能源使用的效率。例如在照明方面，日光燈用電量比燈泡少，並且日光燈長的比短的好、直的比彎的省電。室內的採光良好，多使用自然光，就可以少用人造光源，達到節省用電量的目的。在電器方面，購買具有節能標章的電器產品。在交通方面，多利用大眾交通工具。在室溫不高過攝氏 28 度時就不開冷氣，而且冷氣機的溫度設定不低於攝氏 26 度可以節省電力的使用。離開房間時隨手關燈、關電器的電源。當暫停使用電腦 5~10 分鐘時，設定電腦自動進入低耗能的休眠狀態。Energy Park － 節約能源園區的網站 (http://www.energypark.org.tw/)可以提供我們更多的作法。

一、是非題

( ) 1. 單擺擺動時，擺錘自最高點擺至最低點期間，重力對擺錘所作之功為正功。

( ) 2. 彈簧拉長時會增加彈性位能，壓縮時則會減少彈性位能。

( ) 3. 以 1 公斤重的力，使物體沿著施力方向移動 1 公尺，所作的功是 1 焦耳。

( ) 4. 靜摩擦力對物體作的功是負功。

( ) 5. 以相同的施力搬相同物體到相同高度，所花時間越短，施力所作的功越小。

二、選擇題

( ) 1. 下列敘述何者正確？ (A)一小球由碗的碗緣滾下時，動能減少，位能增加 (B)盪鞦韆時，在最高點其動能最大，位能最小 (C)氣球在空中等速上升時，動能和位能總合不變 (D)拉弓射箭的結果是弓的彈性位能轉變為箭的動能。

( ) 2. 一彈簧秤懸吊一重物使之作鉛直方向的振動，則此過程中有哪幾種能量變化？ (A)動能及彈力位能 (B)重力位能與彈力位能 (C)動能與重力位能 (D)重力位能、彈力位能以及動能。

( ) 3. 下列有關能的敘述何者錯誤？ (A)能量是一種作功的能力 (B)由彈弓射出的石子具有動能 (C)被壓縮的彈簧不具有能，被拉長的彈簧才具有能 (D)將地面的重物吊到高處，則此物即具有重力位能。

( ) 4. 下列有關力學中功與能的敘述，何者錯誤？ (A)力學能守恆告訴我們：所有不同形式的能量可以互相轉換，其總值不變 (B)功能定理

就是說：力對物體所作的功等於物體動能的改變量　(C)物體作圓周運動時，向心力不作功　(D)功率就是單位時間內所做的功。

(　　) 5. 一運動物體的速度增加為原來的 2 倍則此物體的動能變成原來的：(A) 2 倍　(B) 4 倍　(C) 8 倍　(D) 1/2 倍　(E)以上皆非。

(　　) 6. 下列有關功與力的敘述，哪項正確？　(A)施力不為零時，功一定也不等於零　(B)力與功的方向相同　(C)某力對物體作功為零時，該物體必然靜止不動　(D)某力對物體作功為零時，物體不是靜止，就是作等速直線運動　(E)力與功是不同的物理量。

(　　) 7. 等速上升的氣球，其力學能的變化為：　(A)動能減少，位能增大　(B)動能不變，位能增大　(C)動能、位能均不變　(D)動能、位能均變大。

(　　) 8. 下列有關力學能的敘述何者錯誤？　(A)物體的動能＝1/2 mv² （m：物體質量，v：物速率）　(B)物體在地表高度 h 處重力位能＝mgh （g：重力加速度）　(C)在重力下，物體的動能和重力位能總值不變　(D)在阻力情形下，物體的力學能仍能守恆。

(　　) 9. 下面有關各種形態的能量相互轉換的敘述中，哪一項是錯誤的？(A)家庭瓦斯爐將化學能轉換成熱能　(B)水力發電機將力學能轉換成電能　(C)飛機噴射引擎將電能轉換成力學能　(D)光合作用將光能轉換成化學能　(E)太陽電池將光能轉換成電能。

(　　) 10. 關於「能量」的敘述，下列何者錯誤？　(A)有摩擦力存在時，「力學能守恆定律」及「能量守恆定律」均仍適用　(B)能量不會無中生有，也不會憑空消失　(C)壓縮的彈簧把彈珠打出去，主要是彈力位能轉換成動能　(D)將乾電池接到燈泡，使之發光的過程中，能量是由化學能轉換為電能，再轉換為光能和熱能。

(　　) 11. 啟動核分裂反應的粒子是：　(A)中子　(B)原子核　(C)質子　(D)中子。

(　　) 12. 核能發電中用於控制核分裂反應速率的是下列哪個部分？　(A)渦輪機　(B)控制棒　(C)熱交換器　(D)燃料棒。

(　　) 13. 關於核能發電，下列敘述何者正確？　(A)收集放射之 β 射線來發電　(B)利用核分裂時所產生的中子來發電　(C)利用核分裂時虧損質量轉換的能量來發電　(D)利用 γ 射線來發電。

(　　) 14. 核電廠以鈾 235 為原料，以慢中子促其分裂造成連鎖反應，利用這種核分裂所釋出的能量來發電。下列有關反應事件的敘述，何者錯誤？　(A)原子經過核分裂反應，反應前後的原子種類改變了　(B)有的反應生成物，帶有很強的輻射性　(C)比起煤和石油來，核燃料只以很少的質量就可以產生很大的能量　(D)這種反應生成物的輻射性，經過低溫冷凍處理即可清除。

(　　) 15. 當一個中子撞擊鈾 235 原子核引發核反應，並產生兩個以上之中子，而這些中子再撞擊鈾核再引發更多的核反應，如此一直重覆下去，這稱為：　(A)繁殖反應　(B)擴張反應　(C)連鎖反應　(D)加速反應。

(　　) 16. 核分裂和核融合皆因反應後的什麼比反應前減少而釋放出巨大的核能？　(A)總質量　(B)原子種類　(C)原子個數　(D)總能量。

(　　) 17. 目前台灣的核能發電廠，來自於下列何者？　(A)原子間的電子轉移　(B)電子撞擊原子核　(C)原子核的分裂反應　(D)原子核的融合反應。

(　　) 18. 下列有關核能電廠發電的過程：核反器產生蒸氣，推動汽輪機再帶動發電機發電，其中能的形式變化，何者正確？　(A)核能→位能→熱能→電能　(B)核能→動能→位能→電能　(C)核能→輻射能→化學能→電能　(D)核能→熱能→動能→電能。

(　　) 19. 核能四廠是否興建，引發許多爭議。反對興建的人士其反對最主要的理由為：　(A)造價太貴　(B)電費太貴　(C)核廢料難以處理，並擔心類似前蘇聯車諾比事件再發生　(D)技術層次過高。

( ) 20. 原子核行下列何種衰變,將不會引起原子序的變化? (A)質子 (B) α 粒子 (C) β 粒子 (D) γ 射線。

三、計算題

1. 一輛質量為 1,300 公斤的汽車以 13 m/s 的速率行駛,它的動能是多少?

2. 一位 30 公斤重的小女孩從 5 m 的高樓走下來,她的重力位能發生了什麼變化?

3. 某彈簧力常數為 2,000 N/m,當被拉長 50 cm 時,請問此彈簧所儲存之彈力位能為多少?

4. 質量 10 kg 的靜止物體,受一定力 20 N 作用而平移了 36 m,請問此物體最後之速度大小為何?

5. 有一部機器每 15 分鐘輸出 45,000 焦耳的功,請問此機器之輸出功率為何?

CH 08

Basic Physics

現代科技簡介

8-1　半導體、發光二極體與太陽能電池

一、半導體

　　物質中有類似銅或鋁等容易導電的物質稱為導體；相反的，有如橡皮或塑膠等無法導電的物質稱為絕緣體。除了這兩類物質以外，還有稱為半導體的物質，其性質介於導體和絕緣體之間。一般物質的導電難易可以由其電阻大小來判別，當電阻很小時，電流流通程度大，導電性佳；當電阻很大時，幾乎沒有電流，絕緣性佳。半導體由於材料狀態的不同使得電阻係數有大幅度的變化，其廣泛分布在 $10^{-6} \sim 10^{7}$ Ωcm 之間。例如，幾乎不含雜質的半導體物質（純質半導體）在原子呈規則排列的狀態下，顯現出類似絕緣體的高電阻性質，電流幾乎無法流通。但是，在添加微量的雜質之後，電阻會急驟下降，造成電流能夠通過物質（雜質半導體）。在半導體材料中，包括元素半導體、化合物半導體以及金屬氧化物半導體。現今使用最廣的半導體材料是矽(Si)。

　　前已說明，純質半導體可以透過加入微量雜質使其具備導電性。週期表第三族的硼(B)、鋁(Al)、鎵(Ga)、銦(In)以及第五族的磷(P)、砷(As)、銻(Sb)都是常用的添加雜質。當半導體添加第三族雜質時，由於第三族的價電子數比矽元素的價電子數少一個，導致材料內部形成電洞，我們稱此種半導體為 P 型半導體（圖 8-1）。而添加第五族雜質的半導體則是因為第五族的價電

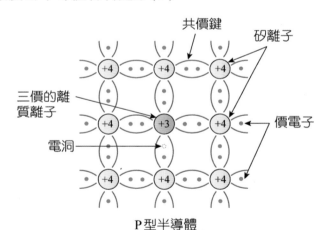

P型半導體

■ 圖 8-1　第三族的價電子數為 3 個，比矽元素的價電子數少一個，因而形成電洞

子數比矽元素的價電子數多出一個，導致自由電子的形成，我們稱之為 N 型半導體（圖 8-2）。P 型半導體中帶正電的電洞以及 N 型半導體中帶負電的自由電子擔任電流的載體。當半導體加上電壓時，這些載體便因電場之作用開始運動，形成電流。

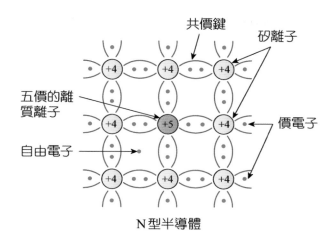

共價鍵

矽離子

五價的離質離子

自由電子

價電子

N型半導體

🔾 圖 8-2　第五族的價電子數為 5 個，比矽元素的價電子數多出一個，因而形成自由電子

　　要正確了解半導體的運作機制，必須了解能帶(energy band)的觀念。能帶是由呈現自由電子狀態的傳導帶、被束縛電子的價電子帶和兩者之間無電子存在的禁制帶（圖 8-3）構成。對金屬而言，價電子帶和傳導帶是重疊的，也就是沒有禁制帶，所以電阻小容易導電。絕緣體的禁制帶寬較大，即使在加電壓的情況下，也不容易讓價電子帶的束縛電子可以穿越禁制帶寬變成傳導帶中的自由電子，所以電阻大不易導電。至於半導體，其禁制帶寬不大，當加上足夠的電壓時，束縛電子有機會成為自由電子而開始導電。

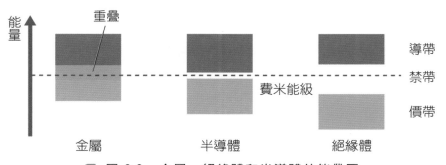

能量

重疊

導帶

禁帶

費米能級

價帶

金屬　　　　半導體　　　　絕緣體

🔾 圖 8-3　金屬、絕緣體和半導體的能帶圖

　　當我們把一塊 P 型半導體和一塊 N 型半導體連接時（圖 8-4），在交界處會形成 PN 接面(PN junction)。因為兩邊自由電子與電洞的濃度不同所以產生擴散。N 型半導體中自由電子濃度較高，因此自由電子由 N 型半導體向 P 型半導體擴散，同樣的電洞會由 P 型半導體向 N 型半導體擴散。擴散的結果使得接面附近的 N 型半導體失去電子得到電洞而帶正電，P 型半導體失去洞得到電子而帶負電。因為電荷密度不均因此在接面附近產生電場，如果有自由電子或電洞在電場內產生，則會因為受到電場的作用而移動，自由電子向 N 型半導體移動，而電洞向 P 型半導體移動，因此這個區域缺乏自由電子或電洞而稱之為空乏區。這個空乏區使得半導體具有單向導電的特性，是許多半導體元件及其應用的基礎。

　　半導體的應用主要是製作成具有特殊功能的元件，例如電晶體、積體電路、整流器和半導體雷射、發光二極體等。其中，積體電路是將電晶體、二極管、電阻和電容等元件按照一定的電路連接，集合在一塊半導體單晶片上，完成特定的電路或系統功能。圖 8-5 是已經封裝的積體電路晶片。積體電路是現代計算機科學技術發展上的重要基礎。

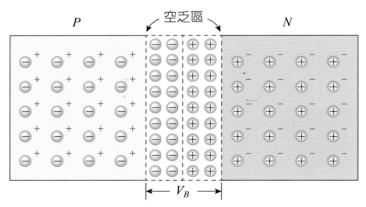

🔷 圖 8-4　PN 接面因為自由電子和電洞的擴散，導致接面附近的 N 型半導體接受電洞而帶正電，接面附近的 P 型半導體接受自由電子而帶負電，中間形成沒有自由電子和電洞的空乏區

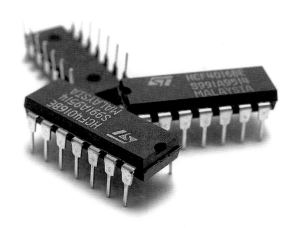

🔊 圖 8-5　積體電路晶片

圖片來源：http://upload.wikimedia.org/wikipedia/commons/8/80/Three_IC_circuit_chips.JPG

二、發光二極體

　　發光二極體(light emitting diode, LED)是一種將電訊號轉變為光信號功能的半導體元件，早期大多作為指示燈（圖 8-6）或顯示板使用，隨著白光發光二極體的出現，也開始有了全彩廣告螢幕（圖 8-7）和照明（圖 8-8）的用途。它是 21 世紀的新型光源，具有效率高、壽命長與不易破損等傳統光源無法相比較的優點。當加上正向電壓時，發光二極體能發出單色且不連續的光，如果改變半導體材料的化學成分，更可使發光二極體發出在近紫外線、可見光或紅外線的光。

🔊 圖 8-6　交通號誌指示燈

⊂ 圖 8-7　全彩廣告螢幕

⊂ 圖 8-8　LED 燈

　　發光二極體（圖 8-9）的構造包含芯片、封裝與支架等，主要的發光體是芯片中的晶粒，而外層的封裝成分是環氧樹酯，頂端可作成聚光的透鏡，用以控制發光角度。除此之外，還用來固定引出導線的支架。引線支架則是把電流導入晶粒使其發光。

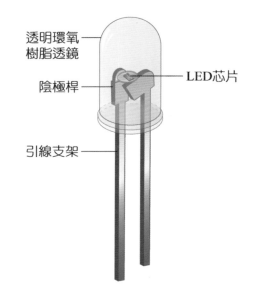

透明環氧樹脂透鏡

LED芯片

陰極桿

引線支架

⊂ 圖 8-9　發光二極體的簡單構造示意圖

　　發光二極體是利用電能轉換成光能的方式發光，也就是將電流通到半導體晶體上，藉由半導體內電子與電洞的結合，產生能量而發光。早期發光二極體的材質為砷化鎵(GaAs)，只能發出紅外線或紅光。後來，1993 年成功地將氮滲入半導體中，造出具有商業價值的藍光 LED。

　　隨著材料科學的進步，各種顏色的發光二極體都可以製造。不同材料的晶粒可以發出不同顏色的光，像氮化鎵 LED 可以發出藍光或綠光，鋁銦鎵磷 LED 則可以發出紅光、綠光或黃光，至於白光 LED，則是由氮化物的藍色 LED 激發螢光粉，使其發出黃色光，利用藍光與黃光互補色的原理混成白光。

整個 LED 的生產流程從磊晶製造開始，然後製造各式晶粒，再經封裝測試，最後製成各種應用產品。磊晶的製造方法大致上分為三種：液相磊晶法(liquid phase epitaxy, LPE)、氣相磊晶法(vapor phase epitaxy, VPE)與金屬有機物化學氣相沉積法(metal organic chemical-vapor deposition, MOCVD)。

封裝測試部分則包含了下列的步驟：1.晶片的檢驗和清洗、2.裝架、3.壓焊（將電極引到 LED 晶片上）、4.封裝、5.切割與 6.測試與包裝等。

LED 在使用上有下列優點：

1. 發光效率高，比較省電。LED 的發光效率比燈泡高，但與螢光燈差不多，隨著時間的推移，LED 的光效會越來越高。

2. 反應時間快，可以達到很高的閃爍頻率。

3. 使用壽命長，在適當的散熱和應用環境下，使用壽命大約是螢光燈的 3 倍，白熾燈泡的 30 倍。

4. 由於是固態元件並且沒有燈絲，相對於螢光燈與白熾燈等來說，可以承受更大的機械衝擊。

5. 體積可以做得非常細小（小於 2mm）。

6. 因為發光體積小，容易以透鏡方式達到所需要的集散程度，藉由改變封裝外形，使得發光的方向性可以從大角度的散射到比較集中的小角度。

7. 能在不加濾光器的情況下提供多種不同顏色，而且單色性強。

8. 白色 LED 的覆蓋色域比其他白色光源廣，所以色域更豐富。

9. 發光型態屬於冷光，並且不包含紅外光或者紫外光，適合注重保護被照對象的場合，例如博物館展品的照明應用。

雖然 LED 有上述諸多優點，但也有一些缺點需要克服或注意的：

1. 散熱問題，如果散熱不佳，則使用壽命會大幅縮短。

2. 除非購買高級產品，否則省電性還是低於螢光燈，甚至低於省電燈泡。

3. 初期成本較高。

4. 因光源屬於方向性，燈具設計需考量光學特性。

5. 即使是同一批次的單顆 LED，LED 之間也存在著光通量、顏色與前向電壓的差別，所以一致性差。

　　未來 LED 的發展趨勢將朝向手提、口袋化(portable, pocketable)、全彩(full color)、低成本與面板化發展，而其應用範圍則包括：資訊產品（指示燈、光源、背光源）、通訊產品（指示燈、光源、顯示面板）、消費性電子產品、看板、號誌與汽車（儀表板、煞車燈、車尾燈）等。

　　另外還有有機發光二極體(organic light emitting diode, OLED)的研發，其主動且為面型發光、質軟、全彩、可調色、亮度高且便宜，使用範圍更廣。

三、太陽能電池

　　根據光電效應，當光照射在導體材料時，如果光的波長超過某特定頻率（由材料決定）時，就可以產生自由電子，並且使電子在電場的作用下流動。所以光能可以轉換成電能。太陽能電池就是將光能轉換成電能的一種裝置。

　　太陽能電池的基本構造是一個 PN 接面（圖 8-10）。當光照射在 PN 接面時，光子在空乏區被吸收而產生電子與電洞對。因為電場作用的關係，電子移動到 N 型半導體中，而電洞則移動至 P 型半導體中。造成半導體兩側有電荷的累積。如果利用導線連接，就會產生電流。這就是太陽能電池的轉換原理。

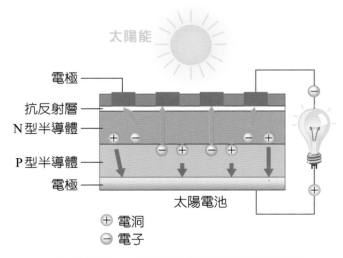

圖 8-10　太陽電池的轉換原理示意圖

8-2 雷 射

　　光源的產生方式大致有熱輻射(thermal radiation)、放電(electric discharge)、螢光(fluorescence)和雷射(laser)等。日常生活中電燈泡的發光以及蠟燭的火焰是屬於熱輻射。在高溫下，所有物體的分子作熱運動並釋放出包含足夠可見光組合的電磁輻射而變成光源。發出藍色光的水銀燈、發出橙黃色光的鈉蒸氣燈以及各種顏色的霓虹燈則是屬於放電發光。日光燈則是因為管壁塗的螢光劑吸收紫外光之後再轉換成可見光（螢光）釋放。上述的光源都是由不同原子各自獨立釋放的，所以發出的光不具相干性(coherence)。雷射光則是原子被以一種協調相干的方式激發而釋放出光線。因此，雷射光幾乎是一種能量強且集中的單色光。雷射的輸出光束可能在可見光、紅外光或紫外光的範圍。有些雷射產生低功率光束，而有些則產生巨大的輻射強度。

　　雷射(LASER)一詞實際上是「light amplification by stimulation emission of radiation」的字首縮寫。雷射的前身是微波激射器(microwave amplification by stimulation of radiation, MASER)。微波激射器在 1950 年代由分別美國的湯尼斯(Townes)和俄羅斯的普羅克霍洛夫(Prokhorov)及巴索夫(Basov)發明。這三個人因為他們在微波激射器上的工作分享了 1964 年的諾貝爾(Nobel)獎。在 1958 年，湯尼斯和蕭羅提出雷射所需要的一般條件。在兩年內(1960)，美國的麥曼(Maiman)成功建立第一個的雷射。蕭羅(Schawlow)因為他在雷射以及雷射光學上的工作獲頒 1981 年的諾貝爾物理學獎。

　　在雷射裡，一個光子被用來觸發激發放射，得到波長相同並且傳播方向相同的兩個相干光子。這兩個光子的每一個又觸發另一次的激發放射，得到四個都以相同方向傳播的相干光子。這四個又繼續觸發更多激發放射而得到八個相干光子。如果程序繼續下去，大量的相干光子就會被製造出來（即所謂的光放大）。

　　在一定溫度的介質中，大部分的原子都處於基態 E_0，下一個較多的原子是在第一激發態 E_1，隨著每一個接續的激發態更高而原子數量遞減。假設我們嘗

試激發 E_1 到 E_0 的轉移來開始大量崩塌。初始的相干光子應該要入射在有電子在 E_1 狀態的原子上，但是它比較可能入射在基態的原子上。當原子是在基態時，光子被吸收而大量崩塌被冷卻。因此，為了得到大量崩塌，我們需要更多的電子在 E_1 狀態而不是在 E_0 狀態。這個非常不自然的情況稱為居量反轉。

居量反轉可以利用半穩定的激發態來得到，因為在原子尺度上，半穩態可以存留非常長的時間。半穩態可以藉由正確地抽泵介質來得到。抽泵由提供能量給雷射介質構成。這可以由許多方式來完成，包括：紫外線幅射、白光照射（即閃光燈）、來自另一個雷射的輻射、電流、原子和原子的碰撞、化學反應等等。

麥曼的雷射是一個紅寶石雷射(ruby laser)，它是一個由氙氣閃光燈抽泵的三階段雷射。圖 8-11 顯示三階段雷射的能階圖基礎。抽泵(pumping)（來自閃光燈的入射光）引發從 E_0 到 E_2 的躍遷。然後電子躍遷至 E_1。因為 E_1 是半穩態，所以電子傾向於停留在此，因此在足夠強有力的抽泵之下，E_1 的電子數量可以增加直到其電子數量多過 E_0 的電子數量（居量反轉）。

最終（在原子時間的尺度上），半穩態之一會自發地衰變到基態而放射出一個光子。這個光子入射到另一個 E_1 原子並激發與第一個光子相干的第二個光子發射。然後這兩個光子再入射到另兩個 E_1 原子並激發出額外兩個相干光子的發射。現在開始大量湧現激發放射。因為抽泵輻射是在不同的波長$(E_0 \rightarrow E_2)$下操作，它不能與大量崩塌比較。

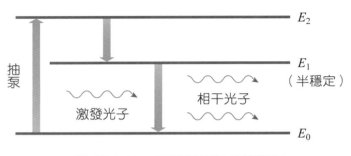

● 圖 8-11　三階段雷射的能階圖

雷射介質或工作介質(active medium)經常是放在兩個反射鏡之間，使得相干光子在介質之間來回傳播，因而建立大量崩塌的強度。這樣的結構稱為共振腔。圖 8-12 顯示兩鏡片 M 和 G 之間的工作介質。泵輸入能量給工作介質來建立並維持居量反轉。來回傳播的相干光在 M 和 G 之間的空腔中建立一個駐波。隨著它們來回傳播使得相干光子數量的增加對應到駐波振福的增加。鏡片 G 是部分可穿透的。在這樣的情形下，空腔中有小比例的相干光很容易流出，導至連續光束雷射。在脈衝光束雷射中，鏡片 G 包含一個光閘機制，當打開的時候會讓所有在空腔中的相干光都流出。接著光閘關閉而雷射必須在光閘再次開啟之前於內部建立相干駐波。許多脈衝光束雷射在非常快的重覆比率下操作。

雷射由於具有單色性、準直性（低擴散性）、高強度和高相干性的特徵，近年來已被廣泛運用到各領域。在生活周邊的應用上，例如買東西時的條碼掃描器、CD 和 DVD 播放機、作簡報時的指示筆、交通警察取締超速車輛等。在醫療的應用上，像是開刀用的雷射手術刀、眼科治療視網膜剝離、醫學美容的皮膚去斑和點痣等。工業上的金屬切割、探勘上的雷射測距。

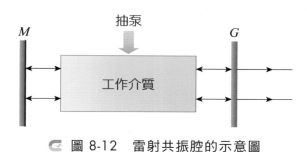

● 圖 8-12　雷射共振腔的示意圖

8-3　平面顯示器

由於液晶顯示器(LCD)具有薄型化、輕量化、低耗電量與無輻射汙染，使得各項資訊產品中到處都有液晶顯示器的存在，例如：筆記型電腦、行動電話、數位相機等。同時也造成傳統使用陰極射線管的電視機幾乎完全消失在各電器販賣場中。

　　液晶究竟為何呢？其實液晶有別於一般我們所知道的固相、液相與氣相三種物質狀態，它是一種可以兼具液體流動性質以及規則排列晶體光學性質的物質狀態。早在 1883 年，奧地利植物生理學家萊尼茨爾(Friedrich Reinitzer, 1857~1927)在植物內加熱苯甲酸膽固醇酯來研究膽固醇，結果觀察到苯甲酸膽固醇酯在熱熔時出現異常行為的表現。該物質在加熱至 145.5°C 時會熔化呈白濁狀液體，若再加熱至 178.5°C 時則呈現透明的均向液體。當溫度開始下降，此澄清液體又出現混濁狀並且瞬間呈現藍色，若溫度再繼續下降，則又形成固體的結晶狀態，如圖 8-13 所示。

　　液晶顯示器是以液晶分子材料為基本要素，將其置於兩塊經過配向處理之玻璃板之間。如果電極間沒有液晶分子，則因為兩塊偏光過濾片的方向互相垂直，所以光完全被阻擋下來。但是，如果液晶改變了通過其中一塊偏光過濾片的光線方向，則光線就可以透過另外一片偏光過濾器了。液晶改變光線偏振方向的旋轉可利用在電極之間加入電場來加以控制。因此，在不加電壓下，光線沿著液晶分子的間隙前進而轉折 90 度，所以光可通過。但加入電壓後，光順著液晶分子的間隙直線前進，因此光被濾光板所阻隔，這就是液晶的顯示原理，如圖 8-14 所示。

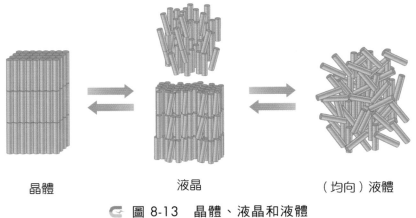

晶體　　　　　　　液晶　　　　　　　（均向）液體

圖 8-13　晶體、液晶和液體

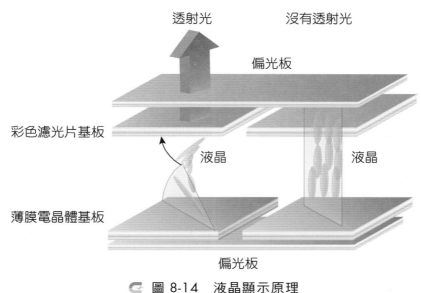

透射光　　　　沒有透射光

偏光板

彩色濾光片基板

液晶　　　　液晶

薄膜電晶體基板

偏光板

圖 8-14　液晶顯示原理

圖 8-15 顯示一個簡單的液晶顯示器構造。導光板將背光燈所提供之光源導入液晶材料中，經偏光板與濾光板之作用，最後透過配向膜導出。配向膜是控制 LCD 顯示品質的關鍵材料，用於液晶顯示器上下電極基板的內側，呈現鋸齒狀的溝槽目的在使液晶分子沿著溝槽整齊排列方向，避免造成光線的散射。

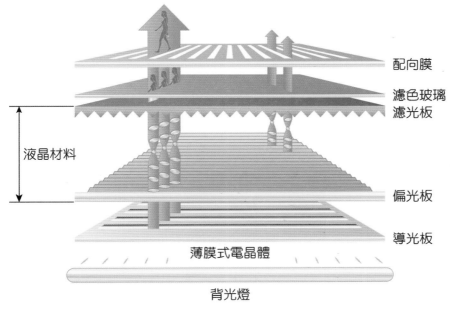

配向膜

濾色玻璃
濾光板

液晶材料

偏光板

導光板

薄膜式電晶體

背光燈

圖 8-15　液晶顯示器簡單構造圖

　　液晶顯示器依據驅動方式可分為被動式驅動及主動式驅動二種，前者的面板單純地由電極與液晶所構成，並在上下基板配置行列矩陣式的掃描電極和資料電極，直接運用與掃描訊號同步的方式，由外部電壓來驅動各畫素內的液晶，以達到對比顯示之作用。不過當畫面密度越高，所需的掃描線數越多，每一畫素所分配到的驅動時間就越短，造成顯示對比值降低。為改善這個問題，可利用主動矩陣的驅動方式，運用薄膜電晶體或金屬絕緣層金屬二極體的主動元件來達到每個畫素的開關動作。當輸入一掃描訊號，使主動元件為選擇（開）狀態時，所要顯示的訊號就會經由該主動元件傳送到畫素上。反之，若為非選擇（關）狀態時，顯示訊號被儲存保持在各畫素上，使得各畫素有記憶的動作，並隨時等待下一次的驅動。

　　LCD 不同於自發光型顯示器，液晶只是扮演著光閥的作用，所以需要光源的照明。液晶顯示器依據照明光源可分為穿透式（圖 8-16）、反射式（圖 8-17）與半穿透反射式（圖 8-18）的顯示器件。穿透式 LCD 由一個螢幕背後的光源照亮，而在螢幕另一面觀看。這類 LCD 多用在高亮度顯示的應用中，例如：電腦顯示器、PDA 與手機中。反射式 LCD 是以外界環境光為光源，利用液晶面板下方的反射板將照明光反射回來，照亮螢幕。這類 LCD 明顯降低功耗並且具有較高的對比度，常見於電子鐘錶與計算器中。半穿透反射式 LCD 既可以當作穿透式使用，也可當作反射式使用。當外部光線充足時按照反射式工作，而當外部光線不夠時就改以透射式使用。

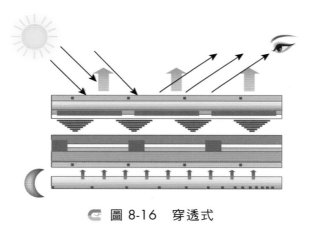

圖 8-16　穿透式

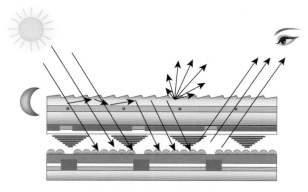

🔗 圖 8-17　反射式

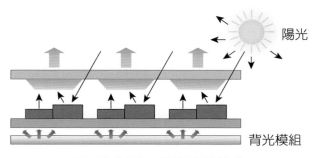

陽光

背光模組

🔗 圖 8-18　半穿透反射式

　　液晶顯示器的彩色技術是在透明玻璃上塗覆一層含有紅、綠、藍三原色的透明濾光薄膜來達成的。這個濾光膜在自然光通過時即產生濾光的效果，不同顏色的濾光膜產生不同的色光，所以濾光膜可以實現平面顯示器的全彩效果。

　　除了液晶顯示器以外，電漿顯示器也是屬於平面顯示器的設計。電漿是由帶電離子和自由電子組合成帶電中性的一種物質狀態。電漿的發光原理和日光燈有些類似，也是在真空玻璃管中注入惰性氣體或水銀蒸氣，在加電壓之後，使氣體產生電漿效應放出紫外線，激發螢光劑而產生可見光。螢光劑的種類決定可見光的色彩。圖 8-19 顯示電漿顯示器中單一一個發光細胞的示意圖。

　　表 8-1 是傳統陰極射線管、液晶與電漿三種型式顯示器優缺點的比較。

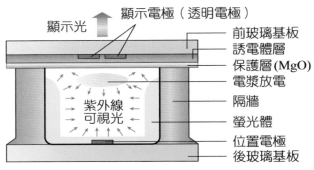

PDP動作的原理（發光細胞剖面圖）

圖 8-19　電漿顯示器(PDP)原理示意圖

表 8-1　各種顯示器的比較

種類	優點	缺點
陰極射線管	1. 對比度高。 2. 響應速度高。 3. 尺寸大。 4. 使用壽命長。 5. 色域寬。 6. 顏色響應準確。 7. 適合出版、繪圖等應用。	1. 體積大。 2. 重量大。 3. 存在幾何畸變現象。 4. 功耗較大。 5. 有輻射。 6. 長時間使用令人眼部不適。 7. 含鉛，丟棄後會汙染環境。 8. 易受外來磁場干擾而出現色斑。 9. 長時間顯示同一畫面，會有殘影。
液晶顯示器	1. 體積小。 2. 功耗低、省電。 3. 發熱量低。	1. 顯示色域不夠寬，顏色重現不夠逼真。 2. 可視角度不夠廣（已改善）。 3. 響應速度偏低。 4. 長時間顯示同一畫面，會有殘影。 5. 長時間使用可能產生亮點、暗點、壞點。
電漿顯示器	1. 對比度高。 2. 響應速度高。 3. 體積小。 4. 重量輕。 5. 尺寸大。 6. 無液晶顯示器的傾視死角。	1. 無法改變解析度。 2. 只能做成大尺寸。 3. 功耗較大。 4. 工作溫度高。 5. 容易發現烙印現象。

8-4 奈米科技

　　奈米科技是一門在 $10^{-10} \sim 10^{-7}$ m 範圍內研究原子分子現象及其應用的學科。它的技術是指利用數千個原子或分子製造新型材料，像是超薄細膜、奈米碳管、奈米陶瓷、金屬奈米晶體和量子點線等奈米材料。奈米技術牽涉的範圍非常廣泛，雖然奈米材料只是其中的一部分，但也是奈米科技的發展基礎。

　　超細薄膜的厚度只有 $1 \sim 5$ 奈米 ($1\,nm = 10^{-9}$m)，甚至會做到只有一個分子會是一個原子的厚度。它可以是有機物質也可以是無機物質，用途極廣。例如沉積在半導體上的奈米單層，可以用來製造太陽電池（圖 8-20），對製造新型清潔能源有重大意義。又如在不同的材料上沉積具有特殊磁性的多層薄膜是製造高密度磁碟的基本材料。

　　奈米碳管由碳分子經加工形成的一種只有幾奈米的微型管，是奈米材料研究的重點課題之一。圖 8-21 顯示三種不同結構的奈米碳管，分別是扶椅型、鋸齒型和螺旋型。奈米碳管與其他材料相比具有特殊的機械、電子和化學性質，可以做出具有導體、半導體或絕緣體特性的高強度纖維。在感測器、鋰離子電池、場發射顯示、增強複合材料等。奈米碳管因為具有廣泛應用的前景，所以特別受到各領域的重視。

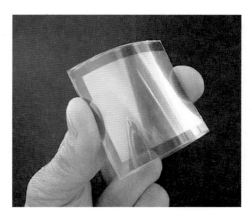

　圖 8-20　奈米薄膜製成的太陽能電池

資料來源：http://www.sfgate.com/cgi-bin/object/article?f=/c/a/2005/07/11/BUG7IDL1AF1.
　　　　　DTL&o=2

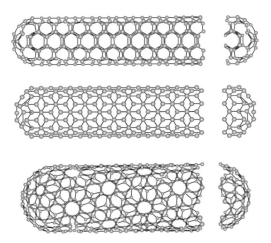

　　陶瓷材料一般具有堅硬、易碎的特點，但是由奈米細微顆粒壓製而成的奈米陶瓷材料卻具有優良的韌性，可以大幅度彎曲而不斷裂，表現出金屬般的柔韌性和可加工性。

　　除上述奈米材料的發展之外，奈米技術也應用在資訊技術上，比如正在開發的 DNA 計算機和量子計算機。這兩種計算機都需要有控制單分子和原子的技術能力，因而使奈米技術成為資訊技術領域中的基礎。

　　感測器是奈米技術應用的另一個重要領域。造價低、功能強的微型感測器將應用到生活的各個方面，例如將微型感測器裝在包裝箱中，然後通過全球定位系統可以對貴重貨物的運輸過程進行跟蹤監督；在機械器具中，則可以進行機械工作性能的監視，在食品科技中，則可監視食物是否變質等。

　　在醫藥技術上，用奈米技術製造的微型機器人，可以安全地進入人體進行健康狀況的檢測，必要時更可以直接進行治療；奈米技術製造的芯片（晶片）可以對血液和病毒進行檢測，立即得知檢測結果。奈米材料也可以開發出新型藥物傳輸系統，這種傳輸系統由一種內涵藥物的奈米球組成，奈米球外面有一種保護性塗層，可以在血液中循環而不會受到人體免疫系統的攻擊。如果使其具備辨識癌細胞的能力，它就可以直接將藥物送到癌變部位，而不會健康組織造成傷害。

　　除此之外，奈米技術也在工業製造、國防建設、環境監測、光學元件和平面顯示系統等領域有廣泛的用途，對未來的科技發展具有重要的作用。

一、選擇題

( ) 1. 半導體加入何種元素，可以使發光二極體發出藍光？ (A)銅 (B)氮 (C)鈷 (D)錳。

( ) 2. 高科技產品中，半導體的原物料是甚麼？ (A)鐵 (B)銅 (C)矽 (D)鈦。

( ) 3. 下列何者不是 LED 常用的磊晶方法？ (A)液相磊晶法(LPE) (B)氣相磊晶法(VPE) (C)有機金屬氣相磊晶法(MOCVD) (D)分子束磊晶法(MBE)。

( ) 4. 下列何種物質其多數載子為電洞？ (A) P 型半導體 (B)本質半導體 (C) N 型半導體 (D)外質半導體。

( ) 5. 在 N 型半導體中，載子的狀況是： (A)有多數電洞及少數電子 (B)只有電子 (C)只有電洞 (D)有多數電子及少數電洞。

( ) 6. 矽原子摻入下列何種物質而形成 N 型半導體？ (A)硼 (B)砷 (C)銦 (D)鎵。

( ) 7. 矽原子摻入下列何種物質而形成 P 型半導體？ (A)銦 (B)磷 (C)銻 (D)砷。

( ) 8. P 型半導體與 N 型半導體結合時，在 PN 接合面上形成空乏區，在空乏區內靠 N 型側有： (A)電子 (B)電洞 (C)正離子 (D)負離子 (E)真空。

( ) 9. 下列有關「半導體」的敘述，何者錯誤？ (A)可製成真空管 (B)導電能力介於金屬導體和絕緣體之間 (C)邊長數毫米的小晶片上的電路稱為「積體電路」 (D)積體電路的發明，使得電子產品走向

「輕、薄、短小」的趨勢　(E)數字型手表、掌上型計算機都以半導體元件為主要元件。

(　) 10. 下列有關矽半導體之敘述何者不正確？　(A)純的矽是電的不良導體　(B)用五價銻或磷原子雜質成為 N 型半導體　(C)純的半導體就是外賦半導體　(D)P 型半導體會形成電洞。

(　) 11. 下列敘述何者不正確？　(A)雷射手術刀代替以前的手術刀易使病患流血和疼痛　(B)香菸濾嘴的細孔及隱形眼鏡的切割可以雷射光來處理　(C)超級市場收銀台使用雷射和電腦結合的掃瞄系統準確讀取物品標籤上的粗、細條紋以辨別物名稱尺寸價格等資料　(D)雷射音響利用光束來「讀」取雷射唱片上的光訊號，然後將轉變成優美音樂。

(　) 12. 在工業上的鑽孔、切割、焊接等的加工利用雷射光的哪種特性？　(A)低色散　(B)高能量　(C)低擴散　(D)以上皆是。

(　) 13. 雷射光和一般的光線有哪些不同性質？　(A)雷射光不產生反射　(B)雷射光不產生折射　(C)雷射光不依直線傳播　(D)雷射光不產生色散。

(　) 14. 有關雷射使用的敘述，何者錯誤？　(A)所有的雷射都會輕易的傷害眼睛，所以盡量減少雷射晚會　(B)有些雷射會傷害眼睛，使用時不得正視它　(C)雷射的發現，使唱片的面積縮小　(D)雷射可用來切割金屬。

(　) 15. 雷射光具有下列何種性質？　(A)單色光　(B)能量集中　(C)光束細而長　(D)以上均是。

(　) 16. 下列有關雷射的敘述，何者錯誤？　(A)雷射是利用受激輻射而將光增強　(B)雷射光只能發出可見光　(C)雷射用不同的材質製成，可發出不同顏色的光　(D)雷射可用於精密手術。

(　) 17. 下列何者是液晶顯示器的優點？　(A)色域寬　(B)使用壽命長　(C)響應速度高　(D)功耗低。

(　　) 18. 光線在通過加上電壓的液晶分子層時，偏振方向會：　(A)保持不變　(B)旋轉 90 度　(C)旋轉 45 度　(D)旋轉 180 度。

(　　) 19. 電腦所使用的液晶顯示器大多屬於下列哪一類型？　(A)穿透式 LCD　(B)反射式 LCD　(C)半穿透反射 LCD　(D)以上皆非。

(　　) 20. 有關液晶的特性，下列何項錯誤？　(A)介於固態與液態之間的中間相態　(B)受電壓作用，分子排列會改變，因而改變物理性質　(C)同時具有固態晶體的光學特性和液體的流動特性　(D)以玻璃為中心構成的有機化合物。

CH
09

**Basic
Physics**

近代物理

　　自十七世紀，牛頓發現運動定律後，整個物理學中力學、熱學、光學與電磁學各體系的發展在十九世紀末期就已經建立完備了，所以稱之為古典物理學。所謂「近代物理學」一般泛指 20 世紀以後發展出來的新物理，因為在一些實驗的過程中，讓科學家對構成物質的原子結構與組成產生興趣，於是陸續發現原子內部的電子、原子核、質子與中子等，其中「量子力學」與「相對論」為兩支重要主流，本章我們將介紹近代物理的重大進展，這些發現所製成的相關檢測與治療儀器在醫學上有諸多的應用。

9-1　電子的發現

　　19 世紀後期科學家發現如將一玻璃管氣壓下降時，此低壓氣體（0.1~10 毫巴）的兩端接電極，在直流高電壓下的導電現象。他們發現陰極會發出一種淺綠色光的射線，稱為陰極射線(cathode ray)。若在管外另置磁棒或將管置於磁場中，則此射線會有偏向，受磁力影響而偏向的方向，與負電荷相似。若置兩平行金屬板的電場，使陰極射線穿過其間，便發現射線受電場影響而偏向正電位的一方，顯示陰極射線是帶負電的粒子，因此陰極射出帶負電粒子的即為電子束(electron beam)。如圖 9-1 所示。

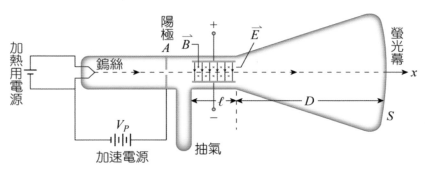

圖 9-1　陰極射線管

　　1897 年，英國物理學家湯木生(Jaseph J. Thomson)使用不同氣體，經多次實驗證實陰極射線皆由帶負電荷的粒子所組成，其電荷量(e)與質量(m)之比，皆為定值，即 $\dfrac{e}{m} = 1.76 \times 10^{11}$ 庫侖／公斤。湯木生隨後證實所有陰極射線都有相同的荷質比，他雖然無法分別測出 e 及 m 的數值，但已確定陰極射線的粒子，乃是帶負電荷的一個基本粒子，這種粒子稱為電子(electron)。

　　至於電子的電荷量及質量的量值，後經美國物理學家米立坎(Robert A. Millikan)精密的油滴實驗測定，油滴所帶電量均為 1.6×10^{-19} (C)的整數倍，因此於 1919 年宣布電子的帶電量為 $e = 1.6 \times 10^{-19}$ 庫侖，並以此值代入湯木生的測定值 $\dfrac{e}{m} = 1.76 \times 10^{11}$ 中，便可算出電子的質量為 $m_e = 9.11 \times 10^{-31}$ 公斤。

9-2　原子結構與核力

　　原子是構成元素的最基本的粒子，早期有關原子結構的知識，是利用帶電質點的撞擊物質薄片而獲得。英國物理學家拉塞福(E. Rutherford)，即是利用上述的方法來探測原子。根據 α 質點散射實驗的結果，如圖 9-2。拉塞福他在 1911 年發表了原子結構的構想，稱為原子模型。其主要假設為：

1. 原子的內部甚為空曠，每一原子均有一質量集中之點，稱之為原子核(atomic nuclear)。

2. 原子核帶正電，核外有帶負電的電子繞其運行，與行星繞太陽運行極為相似，軌道上的電子所帶之總負電量與原子核所帶之正電量相等。

3. 軌道電子繞原子核運行所需的向心力即為正負電荷間的庫侖力。

　　此項原子模型，可以解釋許多物理現象，同時拉塞福的實驗也用 α 粒子撞擊氮(N)的原子核，進而發現質子(proton)。

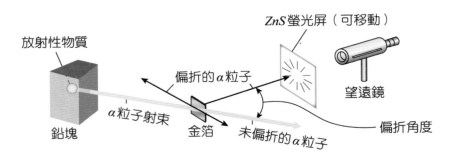

圖 9-2　拉塞福 α 質點散射實驗

　　由拉塞福的原子模型，我們知道一個原子絕大部分的質量是集中在原子核，它所帶的電荷是正電，其總電量與繞核運行的電子的總電量相等。早期利用化學方法比較各種原子的質量時，發現若令氫原子的質量為 M_H，某一原子的質量為 M，則此兩者之間有一項近似關係，即：

　　M ≈ 正的整數 ×M_H

　　由於一個原子大部的質量集中於原子核，則由上式便可以猜測任何一個原子核的質量必為氫原子核的整數倍，此項整數稱為質量數(mass number)，通常以 A 表之。而一個原子核的大小，經過許多散射實驗的測定，原子核半徑的數量級為 10^{-15} 公尺。

　　氫的原子結構最簡單，是由一個原子核與一個核外電子組成的。由於一個電子荷等於一個基本負電荷，故氫原子核只帶一個基本正電荷。科學家們又把氫原子核叫做質子，通常以 p 表之。氦(He)原子的結構為一個氦原子核與兩個繞核運行的電子組合而成，因此可知氦原子核帶兩個基本正電荷，因此可猜氦原子核中有兩個質子。可是氦原子的質量約為氫原子的 4 倍，亦即它的質量約為 4，所以氦原子核裡除了含有質子外，應該還有別的不帶電的東西存在。1932年，查兌克(J. Chadwick)利用 α 粒子撞擊鈹(Be)的原子核，發現了中子(neutron)，中子存於原子核內，其質量和質子大約相同但不帶電，通常以 n 表之；且每一個中子的質量與質子的質量幾乎相同。由此可知氦原子核裡除了兩個質子外，還具有兩個中子。如果將核外之電子移去，就成為帶 2 個正電荷之氦離子，特稱之為 α 粒子。圖 9-3 為完整之原子結構說明。

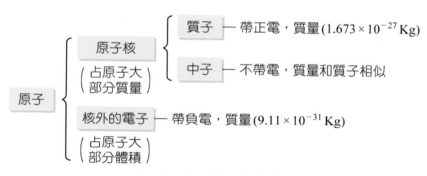

◎ 圖 9-3　原子結構說明

在原子中，核外之各電子間雖有相互排斥之靜電力，通常是賴原子核中正電荷之力量將其維持，再加上離心力等足可達到平衡狀態。而核內各質子間，在強大之相斥之靜電力下仍無法將原子核中之諸質子拆散，其中必有更強大之聚集力約束之，此力吾人稱之為核子力(nuclear force)。

核子力、弱作用力、電磁力及萬有引力是目前所知道的，自然界中四種基本力。對大型物體之運動而言，萬有引力對其影響最大，如星球運行、火箭升空等，首先考慮的就是重力場問題。對分子、原子等小粒子的結構來說，電磁力影響最深，如以鋼繩牽引重物，在張力範圍內，鋼繩不會斷裂，所依賴的就是鋼原子間的電磁力相互作用。至於原子核中之質子、中子及次原子質點之所以能夠團聚一起，主要就是核子力作用。

9-3　同位素與放射線

如果兩個原子的質子數目相同，但是中子數目不同，則它們仍有相同的原子序，在週期表上是在同一個位置的，所以此兩者就叫「同位素」(isotope)，例如氫有三種同位素，H 氕、D 氘（又叫重氫）與 T 氚（又叫超重氫），如圖 9-4。

氕為氫元素的原子，它由一個正價的質子與一個負價的電子所組成，在大自然中，氫原子是天然存在比最高的同位素。

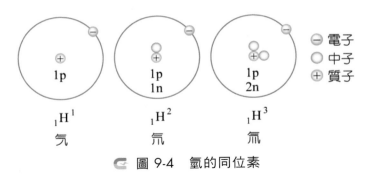

₁H¹   ₁H²   ₁H³

氕   氘   氚

圖 9-4　氫的同位素

　　氘（注音：ㄉㄠ）為氫的一種穩定形態同位素，元素符號一般為 D 或 ^{2}H，它的原子核由一顆質子和一顆中子組成，在大自然的含量約為一般氫的 7,000 分之一。

　　氚（注音：ㄔㄨㄢ）符號：亦稱超重氫，是氫的同位素之一，元素符號為 T 或 ^{3}H。它的原子核由一顆質子和兩顆中子所組成，並帶有放射性，會發生 β 衰變，其半衰期為 12.43 年。

　　另外，正常的鈷原子中有 27 個質子及 32 個中子，二者數目加起來是 59，我們稱它鈷－59，符號是 $_{27}$Co^{59}，並沒有放射性；而它的兄弟是大家耳熟能詳的鈷－60，符號是 $_{27}$Co^{60}，有 27 個質子及 33 個中子，就具有放射性了。

　　一般有放射性的同位素稱為「放射性同位素」，而沒有放射性的同位素則稱為「穩定同位素」，所以並不是所有同位素都具有放射性。也有一些元素本來並沒有放射性，但為了研究上的需要，而以人工的方法特地製造出具有放射性同位素，例如可用中子束撞擊鋁－27 原子，就會變成同位素鋁－28 並具有放射性。放射性同位素將放射質點或能量逐漸釋出就變成沒有放射性了，這個過程叫「衰變」(decay)。不同放射性物質的衰變速率皆不同，在科學上用「半衰期」來表示衰變的快慢，所謂半衰期就是放射性物質的放射性衰變到只有當初一半強度所需要的時間。比如說鈦－46 的半衰期只有 0.006 秒，它的衰變是極快的。另外，鈾－238 的半衰期是 45 億年，可見它的衰變是極慢的。

　　各種放射性同位素會放出幾種不同形式的放射線，例如有 α 射線、β 射線、γ 射線等。放射線的強度是以放射源每秒鐘發生衰變的分子數目(disintegrating per second, dps)來計量，單位為居里(curie)，1 居里等於 3.7×10^{10} dps。放射線僅

憑人的五官無法判斷其存在與否。需要使用蓋氏計數器(Geiger counter)才能測定，如圖 9-5。

輻射線的穿透性，一般而言 α 射線的性質為氦原子核的流動，帶正電，因此用一張紙就可以讓它停止，而 β 射線的性質為電子的流動，帶負電，使用金屬板就可以隔離，但 γ 射線是具有很強的穿透能力之電磁波，需要 10 公分厚的鉛板才能擋得住，如圖 9-6。

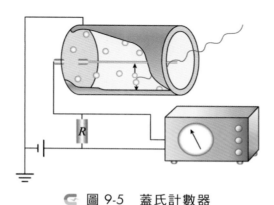

🔘 圖 9-5　蓋氏計數器

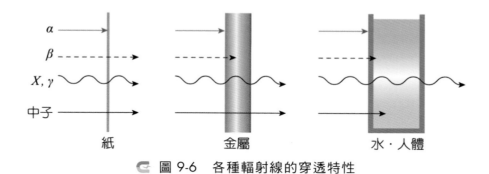

🔘 圖 9-6　各種輻射線的穿透特性

9-4 X 射線

在 1895 年時，德國物理學家侖琴(Wilhelm K. Röentgen)發現陰極射線管旁的螢光板在暗室中會發出螢光，並且使黑紙蒙住的底片感光，經過研究得知此射線不受電磁場影響，因他對該射線的性質尚未完全明瞭，故名之為 X 射線(X ray)，圖 9-7 為產生 X 射線的裝置示意圖。事實上 X 射線是波長極短的電磁波，波長的範圍約在 0.01~1 奈米之間，比可見光的波長短太多了，這也使得侖琴以當時的設備無法觀察到它的波動性質。由於 X 射線與光波均屬電磁波，故也常稱它為 X 光。

後來侖琴發現 X 光可以穿透人體，並拍攝其夫人的手掌，如圖 9-8 發現照片上手骨清晰可見，連戒指也可以顯示在影片上，侖琴因發現 X 射線，獲 1901 年諾貝爾物理獎。

X 射線最大的用處是在醫學上，由於物質吸收 X 射線的能力，隨各物質的特性而易，對於低原子序者比較容易貫穿，高原子序的物質則較難。所以當 X 射線穿越物體時，對底片有不同程度的感光，以作為研判的參考。利用 X 射線波長短、穿透力強，可穿透肌肉，對身體內部重要器官進行攝影。不同的組織吸收 X 射線的能力不同，故在底片上會產生不同的明暗對比，例如器官長腫瘤，由於腫瘤與器官對 X 射線的吸收能力不同，穿透能力自然有別，就可在照 X 射線後的感光底片下看出腫瘤的陰影。同樣的，肺結核處與正常肺部在 X 射

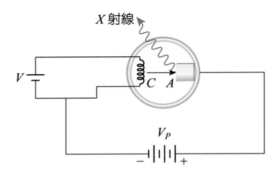

■ 圖 9-7　X 射線產生的裝置示意圖

線底片下有不同的明暗度，有經驗的醫生自然可從 X 射線的底片做正確的研判。在工業上可以判斷結構體內部的瑕疵或銲接的良劣，亦可用來推導晶體材料的原子結構。

☞ 圖 9-8　侖琴夫人的手骨與戒指

9-5　輻射線傷害與防護

　　輻射線撞到物質時，與物質產生游離或激發的反應，把輻射本身的能量轉移給物質。圖 9-9 為一個原子被輻射游離或激發的過程。由於 α 線因為帶正電，非常容易和物質產生游離作用，而快速地將其本身的能量傳給物質，因此 α 線的穿透力很弱。相反地，X 與 γ 射線不易和物質起作用，也就是不易將能量傳給物質，所以 X 與 γ 射線的穿透力很強。

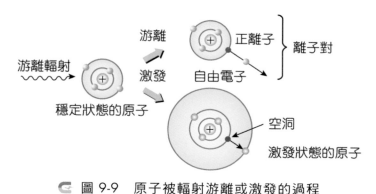

☞ 圖 9-9　原子被輻射游離或激發的過程

　　人體吸收輻射能量時，細胞和水分子會首先被游離或激發，造成 DNA 雙鏈全斷或只斷單鏈的傷害（直接傷害）。因為水分占了人體約 70%的重量，而水分子被游離後會產生有害的氫氧(OH)自由基，這些自由基陸續產生一連串化學反應，使得細胞分子受到損傷。所幸細胞有自行修復的能力，大部分的細胞會恢復正常。假若細胞嚴重受損而無法修復或修復有錯誤時，則其將顯現出健康受損的症狀。

　　輻射對人體的健康效應，通常分為機率效應和確定效應兩大類。當人體在短時間內接受劑量超過某一程度以上時，因為許多細胞死亡或已無法修復，因而產生疲倦、噁心、嘔吐、皮膚紅斑、脫髮、血液中白血球及淋巴球顯著減少等症狀。當接受劑量更高時，症狀的嚴重程度加大，甚至死亡，這種情況稱為確定效應。通常確定效應必須在接受劑量超過一定程度以上才會發生，否則就不會產生確定效應。

　　從日本廣島核爆生存者之長期調查顯示，接受低劑量者，並無任何臨床症狀，白血病或其他實體癌的發生率都和一般人相同。但是為了輻射安全的緣故，國際放射防護委員會(ICRP)做了一個很保守又很重要的假設，就是人體只要接受到輻射，不管劑量是多少，都有引發癌症和不良遺傳的機率存在，沒有最低劑量限值，而且致癌或不良遺傳的機率與接受劑量成正比（直線關係），劑量愈高，罹患的機率也愈大，這種情況稱為機率效應。

　　另外，從臨床的觀點來區分輻射的健康效應，首先從發生的對象而言，健康效應發生在受照射本人身上的，稱為軀體效應，若發生在基因突變與染色體的變異，影響受照射者的後代子孫身上的，稱為遺傳效應。另外，從發生效應的快慢而言，則分為急性效應和慢性效應。我們將輻射的生物效應，分述如下：

一、軀體效應

1. 局部急性效應

(1) 皮膚損傷、紅斑、脫毛、深層組織的壞死。

(2) 暫時或永久性的不孕症。

(3) 其他有再生能力的組織，如消化管的上皮組織與骨髓內的造血組織，產生減數或畸形的分裂。

(4) 傷害神經系統或其他系統的機能。

2. 全身急性效應

全身急性效應可分為造血症候群、腸胃症候群、中樞神經症候群及分子死亡四類。

3. 一次大量曝露或長期曝露的的慢性效應

(1) 慢性皮膚損傷類似潰瘍或癌瘤。

(2) 使受照射的器官或組織產生萎縮症或營養不良症。

(3) 引起眼球白內障。

(4) 骨骼組織受照射而引發骨癌。

(5) 因吸入放射物質積存於肺部而引發肺癌。

(6) 因骨髓受傷而引發再生不良性貧血。

(7) 誘發白血病或俗稱的血癌。

(8) 女性會引發乳癌。

(9) 不孕症。

(10) 壽命的縮短。

 **二、遺傳效應**

1. 基因突變

(1) 單一顯性突變：這類遺傳突變在第一子代中即會顯現出來，例如：多指症、漢氏痙攣症、肌肉萎縮症、視網膜瘤等。

(2) 隱性突變：只有精子和卵具有相同的突變並結合時，才會顯現出來的突變，一般要幾個世代之後才會發現，例如：海洋性貧血、黏多醣症、先天性代謝異常症等。

(3) 性染色體上的隱性突變：性染色體 X 的突變可在第一子代男性中見到，例如：血友病、色盲、肌肉萎縮症等。

2. 染色體變異

(1) 染色體數目異常：如人類的第 21 號染色體多出一個，則會造成唐氏症，有失智的症狀，例如：多出一個 13 號染色體或 18 號染色體則有嚴重的畸型和智能不足。

(2) 染色體斷裂：游離輻射將染色體打斷則會造成染色體構造上的變化，包括缺失、重復、倒轉即易位，例如：貓啼症是 5 號染色體短臂脫失造成的。慢性骨髓白血病是由兩個染色體互相交換其中的片段造成的。

防止或減少輻射源發出的射線對人體的傷害，主要有以下三種防護方法：

1. 距離防護：距離輻射源越遠，接觸的射線就越少，受到的傷害也越小。

2. 屏敝防護：選取適當的屏敝材料（如混凝土、鐵或鉛等）做成屏敝體遮擋輻射源發出的射線。

3. 時間防護：盡可能減少與輻射源的接觸時間。

9-6 放射線在醫學上的應用

核子醫學科技就是從放射線中之追蹤性、穿透性與物質作用性等三種特性出發，而後配合醫療需求，積極創造出許多新方法，使核子醫學科技成為提升疾病控制能力、促進人類健康的一項高科技。以下針對放射線之治療特性進行說明：

1. 追蹤性

核醫學檢查用的追蹤物不是無線電發射器，而是放射性物質。把放射性物質連在某些化合物上，就成了放射性藥物，把它引入體內，我們通過儀器就能在體外探測到那個藥物在體內的分布情形。假如想了解心臟，我們就把放射性物質和喜歡到心臟的藥物連在一起，如果想找到腫瘤也可以把放射性物

質連到親腫瘤的藥物上，因此利用放射性核素追蹤技術可以觀察到患者的各個臟器或組織的代謝和功能。

2. 穿透性

利用放射性射線的穿透性和它對機體組織的破壞作用能抑制和破壞組織，如破壞癌細胞組織以達到治療的目的。常用的治療方法有以下幾種：

(1) 遠距離照射：包括 X 線治療、^{60} 鈷治療和電子加速器治療。這些射線的放射源是在體外一定距離下對病變區域進行照射。例如 ^{60} 鈷照射治療是利用所放出很強的 γ 射線從體外進行照射，可治療深部腫瘤和惡性腫瘤。

(2) 近距離治療：將密封的放射源或後裝的源容器置於人體自然管腔（口腔、鼻咽腔、食管、腸道等）內或等距離均勻地植入腫瘤組織內的組織間治療，也可敷貼於病灶表面的表面治療。

(3) 內照射治療：內照射是用液態放射性核素經口服或靜脈注射引入患者體內，這些核素能被某些病變組織選擇性吸收。如用 ^{131} 碘引入體內隨代謝過程聚集於甲狀腺癌患部可達一定的療效。另外亦可用 ^{32} 磷治療骨、肝、脾及淋巴的病變和腫瘤組織，可以破壞和抑制病變組織的生長。

醫學上利用放射性物質，既要對放射性核素物質進行嚴格的選擇，又要注意控制進入體內的劑量。否則影響診斷和治療的效果，甚至要危害生命。通常選用的放射性核素會考慮同位素的性質、半衰期和能否迅速排除體外等因素。總之，要遵守操作規程並注意安全。

習題演練

一、選擇題

( ) 1. 在光電效應實驗中，發現： (A)光電子沒有電荷 (B)用以產生光電效應的電磁輻射之極限頻率(threshold frequency)對所有的金屬均相同 (C)增加電磁輻射的強度，並不增加光電子產生的數目，但卻增大光電子的速率 (D)光電子的最大動能與電磁輻射強度無關。

( ) 2. 下列哪一個實驗建立了電子繞原子核運行的原子結構模型？ (A)湯木生荷質比實驗 (B)拉塞福實驗 (C)康卜吞效應實驗 (D)陰極射線管實驗。

( ) 3. 下列有關原子構造的敘述，何者正確：甲：原子的質量均勻分布於整個原子之中；乙：原子的質量絕大部分集中在原子核；丙：電子和質子的數目一定相等；丁：質子和中子的數目一定相等： (A)甲丙 (B)甲丁 (C)乙丙 (D)乙丁。

( ) 4. 下列有關陰極射線的敘述何者正確？ (A)它自放電管的陰極射出，是帶負電的電子束 (B)若改變陰極的金屬材質，則陰極就不會產生射線 (C)它是電磁波的一種 (D)放電管內的氣壓在常壓（約1atm）時，比在極低氣壓時更易有陰極射線放出。

( ) 5. 首先精確決定電子電荷大小的是下列中的哪一個實驗？ (A)夫然克－赫茲實驗 (B)湯木生荷質比實驗 (C)密立坎油滴實驗 (D)拉塞福實驗。

( ) 6. 下列有關陰極射線與 X 射線的敘述，何者正確？ (A)兩者的行進均可產生電流 (B)兩者均可受靜電場的影響而偏向 (C)兩者均為電磁波 (D)陰極射線為帶電粒子，X 射線為電磁波。

( ) 7. 由 X 射線管發出的 X 光照射，欲增加其穿透物質的能力，應： (A)增加陰極的厚度 (B)增加陰極與陽極間的距離 (C)增加陰極與陽極間的電位差 (D)增加陽極的面積。

( ) 8. 近代物理學家決定複雜分子的結構時，常用的技術是： (A)超音波探測 (B)可見光雷射透射 (C)紅外光反射 (D) X 光繞射。

( ) 9. 下列有關「光子」的敘述何者錯誤？ (A)光子不帶電 (B)光子的動量與能量成反比 (C)光子易於產生，也易於消滅 (D)光子波長愈短，能量愈大。

( ) 10. 下列有關 α、β、γ 射線的性質，何者不正確？(A) α 射線被拉塞福證實為氦的原子核 (B) β 射線被證實為高能的電子束 (C) γ 射線的速率最快 (D) γ 射線的游離氣體能力最強。

( ) 11. 光的特性具有： (A)波動 (B)微粒 (C)波動與微粒 (D)以上皆非。

( ) 12. 光兼具哪兩種性質，前者可由光的繞射、干涉等現象，後者可由光電效應等現象，獲得佐證？ (A)粒子、波動 (B)反射、折射 (C)折射、反射 (D)波動、粒子。

( ) 13. α 射線是一種： (A)帶 2 個正電荷氦離子 (B)電磁波 (C)負電荷 (D)質子。

( ) 14. 具有很強的穿透能力之電磁波，需要 10 公分厚的鉛板才能擋得住的是： (A) α 射線 (B) β 射線 (C) γ 射線 (D) X 射線。

( ) 15. 湯木生(J. J. Thomson)的實驗在測定： (A)質子的電荷與質量比 (B)電子的電荷與質量比 (C)電子的質量 (D)電子的電量。

( ) 16. 核分裂和核融合皆因反應後的什麼比反應前減少而釋放出巨大的核能？ (A)總質量 (B)原子種類 (C)原子個數 (D)總能量。

( ) 17. 核能發電其原理是利用什麼在控制的情況下，進行核分裂，將釋放出的核能轉變為電能？ (A)鈾原子 (B)鈾原子核 (C)鈽原子 (D)鈽原子核。

(　　) 18. 超導體不具有下列哪些特性？　(A)零電阻　(B)暫時電流　(C)永久電流　(D)反磁性。

(　　) 19. 近代物理學是由下列哪部分組成？　(A)力學　(B)光學　(C)熱學　(D)量子力學。

(　　) 20. 哪一位科學家發現 X 光，為往後物質結構的分析、醫學的治療等，提供了重要的工具？　(A)拉塞福　(B)楊格　(C)侖琴　(D)湯木生。

三、問答題

1. 說明氫三種同位素的名稱與組成。

2. 說明 α、β、γ 三種輻射線的穿透性。

3. 防止或減少輻射源發出的射線對人體的傷害，主要有哪些防護方法？

4. 放射性射線常用的治療方法有哪幾種？

習題解答

Chapter 1

■ 一、選擇題

1.(D)　　2.(A)　　3.(D)　　4.(C)　　5.(D)　　6.(C)　　7.(A)　　8.(B)　　9.(D)　　10.(B)

11.(D)　12.(C)　13.(D)　14.(A)　15.(B)　16.(C)　17.(C)　18.(B)　19.(B)　20.(D)

■ 二、填充題

1. (1) 50 埃；(2) $9×10^8$

2. 2,000 張

3. 基本量、長度、質量、時間；SI 制為：m、kg、sec

4. 相對論，量子力學

5. 馬克士威、普朗克、湯普生

Chapter 2

■ 一、是非題

1.O　　2.X　　3.X　　4.X　　5.X

■ 二、選擇題

1.(D)　　2.(B)　　3.(C)　　4.(A)　　5.(B)　　6.(C)　　7.(C)　　8.(C)　　9.(C)　　10.(C)

11.(A)　12.(A)　13.(C)　14.(C)　15.(B)　16.(C)　17.(D)　18.(C)　19.(C)　20.(D)

■ 三、計算題

1. (1)位移大小 25 m，路徑長 55 m；(2)平均速度 1 m/s，平均速率 2.2 m/s

2. 93.75 km/hr

3. 3 秒，29.4 m/s

4. 23,000 N，20 m

5. 300 N

6. 各 500 N

7. 46 公分

8. 19,600 dyne/cm^2

Chapter 3

■ 一、是非題

1.O   2.X   3.O   4.O   5.O

■ 二、選擇題

1.(C)   2.(C)   3.(A)   4.(D)   5.(C)   6.(C)   7.(B)   8.(C)   9.(B)   10.(A)

11.(D)   12.(C)   13.(C)   14.(D)   15.(D)   16.(B)   17.(D)   18.(A)   19.(D)   20.(D)

■ 三、計算題

1. (1) 35°C；(2) –40°F。

2. 200 卡。

3. 1,130 卡。

4. 5×10^{-5}。

5. 122,800 卡。

6. 1.32 cm。

Chapter 4

■ 一、選擇題

1.(B)　2.(D)　3.(A)　4.(D)　5.(A)　6.(C)　7.(B)　8.(A)　9.(C)　10.(A)
11.(C)　12.(D)　13.(D)　14.(C)　15.(D)　16.(C)　17.(D)　18.(A)　19.(B)　20.(C)

■ 二、計算題

1. $v = 346\ \text{m/s}$,　$\lambda = 1.43\ \text{m}$

2. 至少要 17.45 m 以上

3. 519 m

4. 波長：130 cm；傳播速率：2.99×10^5 cm/s

Chapter 5

■ 一、選擇題

1.(A)　2.(B)　3.(A)　4.(B)　5.(A)　6.(B)　7.(D)　8.(B)　9.(C)　10.(D)
11.(B)　12.(D)　13.(A)　14.(B)　15.(D)　16.(B)　17.(A)　18.(C)　19.(D)　20.(B)

■ 二、計算題

1. 1.5×10^8 km

2. $F = +1.7$ D

3. $n = 1.414$

4. $v = 1.875 \times 10^8$ m/s

5. 傳播速率：3×10^8 m/s；頻率：6×10^{14} Hz

Chapter 6

■ 一、選擇題

1.(A)　2.(C)　3.(D)　4.(B)　5.(D)　6.(C)　7.(C)　8.(A)　9.(C)　10.(D)

11.(B)　12.(C)　13.(B)　14.(A)　15.(D)　16.(C)　17.(A)　18.(D)　19.(C)　20.(C)

■ 二、計算題

1. (1) 0.4×10^{-6} N；(2) 6.67×10^{-10} C

2. (1) 144,000 J；(2) 480 Watt

3. 50 V

4. 25 小時

5. I=1,000 A

Chapter 7

■ 一、是非題

1.O　2.X　3.X　4.X　5.X

■ 二、選擇題

1.(D)　2.(D)　3.(C)　4.(A)　5.(B)　6.(D)　7.(B)　8.(D)　9.(C)　10.(A)

11.(A)　12.(B)　13.(C)　14.(D)　15.(C)　16.(A)　17.(C)　18.(D)　19.(C)　20.(A)

■ 三、計算題

1. 109,850 J

2. 重力位能減少 1,470 J

3. 彈力位能為 250 J

4. 12 m/s

5. 50 W

Chapter 8

■ 選擇題

1.(B)　2.(C)　3.(D)　4.(A)　5.(D)　6.(B)　7.(A)　8.(C)　9.(A)　10.(C)
11.(A)　12.(B)　13.(D)　14.(A)　15.(D)　16.(B)　17.(D)　18.(B)　19.(A)　20.(D)

Chapter 9

■ 一、選擇題

1.(D)　2.(B)　3.(C)　4.(A)　5.(C)　6.(D)　7.(C)　8.(D)　9.(B)　10.(D)
11.(C)　12.(D)　13.(A)　14.(C)　15.(C)　16.(A)　17.(B)　18.(B)　19.(D)　20.(C)

■ 二、計算題

1. 氕：由一個正價的質子與一個負價的電子組成

    氘：由一顆質子和一顆中子組成

    氚：亦稱超重氫，由一顆質子和兩顆中子所組成，並帶有放射性。

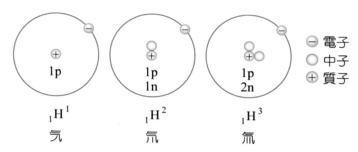

2. α 射線的性質為氦原子核的流動，帶正電，因此用一張紙就可以讓它停止，而 β 射線的性質為電子的流動，帶負電，使用金屬板就可以隔離，但 γ 射線是具有很強的穿透能力之電磁波，需要 10 公分厚的鉛板才能擋得住。

3. (1)距離防護：距離輻射源越遠，接觸的射線就越少，受到的傷害也越小；(2)屏蔽防護：選取適當的屏蔽材料（如混凝土、鐵或鉛等）做成屏蔽體遮擋輻射源發出的射線；(3)時間防護：盡可能減少與輻射源的接觸時間。

4. (1)遠距離照射；(2)近距離治療；(3)內照射治療。

Hewitt, P. G. (2008)‧*觀念物理 V*（陳可崗譯）‧台北市：天下文化。（原著出版於 2001）

何貞淑(2004)‧*醫護物理學*（梁立國譯）‧新北市：高立圖書。

陳錫恆(1999)‧*工職物理*‧台北市：建宏出版社。

蔡耀智(2006)‧*基礎物理學*‧新北市：新文京開發。

謝偉強(2017)‧*醫護物理（第四版）*‧新北市：新文京。

memo

memo

memo

memo

國家圖書館出版品預行編目資料

基礎物理／林煒富、卓達雄、林旺德編著.－ 第二版. －
新北市：新文京開發，2018.05
　　面 ； 　 公分

ISBN　978-986-430-361-8（平裝）

1.物理學

330　　　　　　　　　　　　　　107007151

基礎物理（第二版） （書號：E413e2）

編　著　者	林煒富　卓達雄　林旺德	
出　版　者	新文京開發出版股份有限公司	
地　　　址	新北市中和區中山路二段 362 號 9 樓	
電　　　話	(02) 2244-8188（代表號）	
Ｆ　Ａ　Ｘ	(02) 2244-8189	
郵　　　撥	1958730-2	
初　　　版	西元 2015 年 02 月 10 日	
第　二　版	西元 2018 年 05 月 25 日	

法律顧問：蕭雄淋律師
ISBN　978-986-430-361-8

New Wun Ching Developmental Publishing Co., Ltd.
New Age · New Choice · The Best Selected Educational Publications — NEW WCDP

新文京開發出版股份有限公司

新世紀‧新視野‧新文京 — 精選教科書‧考試用書‧專業參考書